培养孩子
逆情商

刘晓丽◎编著

民主与建设出版社
·北京·

图书在版编目（CIP）数据

培养孩子逆情商 / 刘晓丽编著 . — 北京：民主与
建设出版社，2022.11
　　ISBN 978-7-5139-4022-1

　　Ⅰ.①培… Ⅱ.①刘… Ⅲ.①情商 – 少儿读物 Ⅳ.
① B842.6-49

中国版本图书馆 CIP 数据核字（2022）第 212766 号

培养孩子逆情商
PEIYANG HAIZI NIQINGSHANG

编　　著	刘晓丽	
责任编辑	刘树民	
封面设计	乔景香	
出版发行	民主与建设出版社有限责任公司	
电　　话	（010）59417747　59419778	
社　　址	北京市海淀区西三环中路 10 号望海楼 E 座 7 层	
邮　　编	100142	
印　　刷	三河市京兰印务有限公司	
版　　次	2022 年 11 月第 1 版	
印　　次	2022 年 11 月第 1 次印刷	
开　　本	700 毫米 ×1000 毫米　　1/16	
印　　张	12	
字　　数	162 千字	
书　　号	ISBN 978-7-5139-4022-1	
定　　价	59.80 元	

注：如有印、装质量问题，请与出版社联系。

序：逆情商对人生的影响

何为逆情商？逆情商指的是逆境商数，英文是 Adversity Quotient，简称 AQ，也被翻译为逆商、挫折商或逆境商，指的是人们应对挫折、摆脱困境和超越困难的能力。遭遇同样的打击，逆情商高的人产生的挫折感会比较低，而逆情商低的人挫折感会非常强烈。

"人生不如意事十之八九"，我们每个人都会遇到挫折和打击，日常生活中更是免不了各种小摩擦和不顺心，而孩子因为心智不成熟，面对一些小问题时也很可能会在心里反复思量，把小事情放大，进而产生强烈的自卑感和挫败感，这对孩子的成长非常不利，会影响孩子的自尊、自信和幸福感。

我们大部分人的家境、智商、情商都是相似的，但是随着时间流逝，大家的学习成绩会逐渐拉开差距，毕业后的工作会各不相同，取得的成就也会天差地别。身为父母，我们也许不期望孩子取得多么了不起的成就，也许不期望孩子变成"成功人士"，但我们都会期望孩子健康、快乐。这是很普通、很微小的愿望，也是极难实现的愿望。

一直平安顺遂、没有任何不如意的人生是不存在的，面对学习和生活中的不愉快，有的孩子可以一笑了之，有的孩子却会耿耿于怀；遭受失恋、失业、亲人亡故等打击，有的人可以及时调整，重新出发，有的人却会一蹶不振，陷在痛苦中无法自拔。很多成年人说，随着年纪越来越大，越来越难感到快乐，总是觉得没劲，远不如小时候快乐。其实，这就是逆情商太低的缘故。

除了个别人，我们很少经历大风大浪、大起大落，生活就是由日复一日的重复和一点一滴的小事组成的。一句恶言、一句风凉话、一点无足轻重的烦心事，日积月累，不断消耗着我们的精气神。这些负面的事件都不是大事，称不上逆境和挫折，但对我们的侵蚀却如同滴水穿石。

与此同时，这个世界上也有很多生机勃勃的成年人，也有始终保持着好奇心，不断学习、进步的成年人。他们没有被生活的倦怠侵蚀，始终保持着勃勃生机，无论是小摩擦，还是大挫折，他们都能理性应对，不断超越。

培养逆情商，学会用行之有效的办法解决消极事件带来的影响，是每个孩子都应该学会，且必须学会的技能。这种技能学的越早越好，越早掌握这项技能，孩子就越能减轻挫折带来的负面影响，以更健康的状态长大。

在日常生活中，我们要有意识地培养孩子的抗压能力，让孩子用积极正向的心态面对生活，养成乐观、积极的性格。

目 录

目 录

Part 1

从小事做起，提升逆情商

让孩子学会自我管理

想要培养孩子的逆情商，我们家长首先要做的是学会放手。如果总是担心孩子做不好，或者害怕孩子受伤，那孩子永远也长不大。我们必须让孩子学会自我管理，即使他还小，还有很多事情做不好。

当然了，成长的过程往往是很缓慢的，我们家长也不要太着急，比如非让孩子在几天之内学会什么，或者看孩子学不会就着急上火，这有可能给孩子造成很大的压力，甚至造成身体和心灵上的双重伤害，这是我们都不愿意看到的。

让孩子学会自我管理，主要是让孩子学会任务管理和时间管理。所谓任务管理，主要指的是"自己的事情自己做"，比如自己穿衣服、整理书包、洗袜子、收拾玩具等，当然也可以包含一些家务，比如倒垃圾、浇花、喂猫等。而时间管理主要是指有效利用时间，比如按时完成作业、按时睡觉、不迟到等。当然了，任务管理和时间管理之间有一定重叠，不是完全割裂的。

蒙蒙的父母很注意培养蒙蒙的自我管理能力，在他上幼儿园的时候就要求他每天晚上睡觉前把玩具收到整理箱里。蒙蒙的父母想得很美好，觉得教蒙蒙几次就能让他养成好习惯了，但蒙蒙显然有自己的想法，或者说，蒙蒙和大部分人一样，都有惰性。

在最开始的时候，蒙蒙的妈妈对蒙蒙说："你看这些玩具放得到处都是，我们一起把它们收进箱子里好不好？"蒙蒙便跟着妈妈一起收拾好了。

第二天，蒙蒙的妈妈还想带着蒙蒙一起收拾的时候，蒙蒙说："妈妈，我等一下还要玩。"于是妈妈就先去忙自己的事情了。

蒙蒙玩了一会儿，就去找爸爸玩，随后被爸爸带去洗澡，接着就上床准备睡觉了。蒙蒙的妈妈总不好非让蒙蒙收拾好玩具才能睡觉吧？所以她像往常一样，自己去客厅帮蒙蒙收好了玩具。

接下来的几天，蒙蒙总有各种理由不收拾玩具，或者在跟妈妈"一起"收拾的时候，自顾自地在旁边玩耍，只偶尔捡起一两个玩具放进箱子里。

蒙蒙的妈妈一看，觉得这样不行啊，不能太惯着孩子，于是便试着严厉点："你看看，客厅被你弄得多乱？到处都是你的玩具，赶紧收拾好！"

蒙蒙正在玩赛车，笑嘻嘻的，一点不怕妈妈，反而学她说话："你看看，被你弄得多乱，赶紧收拾好！"

蒙蒙的妈妈板起脸吓他："想挨揍了是不是？"

蒙蒙吐吐舌头，放低了音量说："乱……好乱……"

蒙蒙的妈妈想发火，但她忍了下来，耐着性子，试图跟蒙蒙讲道理："宝贝，你看，妈妈的东西是不是都收拾得整整齐齐？爸爸的东西也是，都放得好好的。你的东西就这么到处乱放，是不是不应该呀？而且这样到处乱放，很容易丢东西的，等你想找就找不到了。"

蒙蒙抬起头，扫了客厅一眼，指着茶几说："那本书要放书架上的吧？那包花生，是你打开吃了没收好。昨天爸爸找空调遥控器，找了好久都找不到。"

蒙蒙的妈妈笑了："你还挺会找借口的。我没要求你把所有东西都收拾好，偶尔有一件两件的，我也不会说什么，可是你的东西太多了，到处都是。"

蒙蒙自有道理："晚上收好了，第二天也要拿出来。"

"那也不会每样都拿出来吧？"妈妈拿起一个玩具，摇了摇，"这个巴斯光年，你今天就没玩吧？"

"我等一下玩。"

"那就玩的时候再拿出来，不玩了就放回去。"

"我要一起玩。"

"那就玩完了都收起来，要玩的时候再拿出来。"

蒙蒙不吭声了。他不是那种会任性大喊"我不"的孩子，沉默就代表了他的反抗。

蒙蒙的妈妈见蒙蒙不听话，有时候也觉得打一打、骂一骂没准就好了，但又怕他幼小的心灵会受影响，所以总是狠不下心。

蒙蒙的妈妈上网搜了一些解决办法，晚上跟丈夫商量了一下，决定对蒙蒙实施"利诱"。

第二天，蒙蒙的妈妈对蒙蒙说："只要你连着一个星期，每天都把玩具收好了，我和爸爸就给你买上次你在商场看中的那个新巴斯光年——会说话、会发光，手脚会动那个。"上次她以蒙蒙已经有好几个巴斯光年拒绝了他的要求。

蒙蒙考虑了一下，答应了妈妈的提议。

当天，蒙蒙收拾东西的热情很高。

第二天也是。

第三天，蒙蒙放学后和几个小伙伴在家玩了两个小时。伙伴们离开后，蒙蒙看着散落得到处都是的玩具就有点懒得动了。

妈妈提醒蒙蒙："我们说好了哦，你收拾好了，就有奖励。"

蒙蒙靠坐在沙发上，说："我不要奖励也行，反正我已经有巴斯光年了。"

妈妈觉得有些意外，差点没反应过来："真的不要啦？你不是很喜欢巴斯光年吗？"

"我喜欢呀，我也喜欢大坦克、大火箭、大飞机，可我哪能全都拿回家呢？"之前，每当蒙蒙想要什么新玩具，爸爸妈妈不想给他买的时候，都会说类似的话，并告诉他："喜欢也不一定要带回家，而且那些东西要花钱买，我们没那么多钱，哪能都拿回家呢？"没想到蒙蒙听的次数多了，已经能自己教育自己了。

妈妈现在可不想让蒙蒙这么懂事，她试图劝道："大坦克什么的，我们家确实买不起，而且买回来了也没地方放。但除了那些，我们还有其他喜欢的东西，可以选一些买呀。比如你爸爸上个月买了一双鞋，他高兴了好久。那个巴斯光年也能让你高兴的吧？能让你高兴，就可以买回家。"

"是能让我高兴，那你买吧。"蒙蒙说。

"那你要把玩具都收好。"

蒙蒙没说话，也没行动，似乎在思考这笔"交易"到底值不值得。

蒙蒙的妈妈补充说："把你自己的玩具收好本来就是你应该做的事情，我们给你买新玩具，算是另外的奖励。你已经慢慢长大啦，许多事情都要学着自己做了，总不能永远让妈妈帮你收拾玩具吧？"

蒙蒙妥协了："那你和我一起收。"

由于爸爸妈妈的教育，蒙蒙慢慢有了自我管理的意识，会自己收拾自己的东西了。当然，很多时候需要妈妈催促，他才会去做。

蒙蒙的爸爸妈妈觉得，孩子毕竟是孩子，要是特别听话，让干什么就干什么，反而不太正常，因此也默许了这种情况。

过了几年，蒙蒙长大了许多，但习惯已经养成，每天都要妈妈提醒他，他才会收拾玩具、整理书包等。早上起床也要妈妈喊三四遍他才肯拖拖拉拉地起来。

因为常年为这些小事情操心，蒙蒙的妈妈也有点烦，偶尔会跟朋友抱怨："这孩子太不自觉了。我小时候，哪里需要家长催？放学回家，先写作业，写完作业玩一会儿，然后把该收拾的都收拾好了，根本不用大人管。我这天天唠叨的，自己都觉得烦。"

朋友说："蒙蒙现在也不小了，要不让他自己来？"

蒙蒙的妈妈说："不行啊，我们要是不说，他就真的不做了，出了麻烦还得我们在后面擦屁股。之前蒙蒙忘了带作业，老师还打电话让我们送过去。我们都要上班啊，那个时间点，还得从单位请假，麻烦死了。"

朋友说："那就别送了，老师要罚就罚，让他自己承担后果。"

"老师都打电话了，完全不管的话，感觉也不好，怕给老师留下不好的印象。"

朋友听完，叹了一口气："养孩子太难了。"

养孩子确实不是件容易的事情，尤其现在的家长都想全方位地培养孩子，那难度就更大了。但是，因为种种原因，我们培养孩子的计划会遇到很多困难。像蒙蒙家这样的情况，我相信不在少数。

在孩子还小的时候，家长对孩子很有信心，觉得自己一定能把孩子培养得特别优秀。但尝试过几次后，家长可能会发现，孩子并不是泥人，不是想怎么捏就能怎么捏的，于是逐渐接受了孩子的"不足"，觉得大部分人都那样，不用太苛求孩子，孩子有不自觉、赖床等坏习惯，都是很正常的，多提醒就好了。

这样的想法当然不能说错，只是许多家长没有意识到，学习需要过程，对年幼的孩子来说，因为其本身的认知能力、身体协调能力等都还处在发展阶段，学习新事物不像我们成年人那么容易，更需要循序渐进，一步一步慢慢成长。

　　在最开始，我们可以让孩子完成一些很容易实现的小目标，如果孩子表现得比较吃力，就及时调整目标，或者把目标分割成更小、更容易达到的目标。比如蒙蒙的妈妈想让蒙蒙收拾玩具，这对幼小的蒙蒙来说有点费力的话，可以把这个目标拆分，让他把某几件玩具收好，等他适应了，再慢慢增加数量。在时间上，如果每天都做到有些困难的话，也可以"休息"，隔一天做一次，或者一个星期完成几次。这样的话，可以给孩子一个过渡，让他有一个适应的过程，不至于一下子就要面对那么大的压力。

　　当孩子做得好的时候，我们要多鼓励；做得一般的时候，我们可以想想有什么办法可以改善，不要把事情都揽到自己身上。要做到这一点，当然是需要花费很多时间和精力的，比像后期的蒙蒙妈妈那样单纯提醒、催促孩子费劲很多，但我相信，孩子会用自身的成长告诉我们，我们的付出都是值得的。

勇于承认错误

勇于承认错误，是我们从小到大听过无数次，但很少有人能真正做到的事情。就我的观察，许多成年人都不会说"我错了"，更不会为自己的错误道歉。想要培养孩子的逆情商，让其勇于承认错误，我们家长自己也要以身作则，学会认错。

昊昊是一个很外向的小男孩，从不怕生，即使是在路上遇见的陌生人，他也能很自然地跟对方聊起来。在和同学相处的时候，昊昊更是喜欢侃侃而谈。

在同学们的心里，昊昊家特别有钱，有一个种满郁金香的大花园，家里的房子只盖了一层，房顶是灰瓦铺的，像古代的豪宅一样；昊昊的房间堆满了玩具，光是玩具火车就有上百辆，更别提数不清的四驱车和玩具步枪；昊昊的爷爷奶奶特别宠他，他想要什么都会买给他，还会在他十八岁的时候给他买五辆红色法拉利跑车……

昊昊的同桌小敏特别羡慕昊昊。小敏听昊昊说每年郁金香开过花以后，他爸爸就会把郁金香铲除，第二年再买新的，她觉得好浪费，问昊昊："你爸爸铲郁金香的时候，你能不能捡几棵给我？我家从没种过郁金香，我想种一下试试。"

昊昊支支吾吾地说："这个……我爸爸的东西，我不能拿。"

小敏觉得有些奇怪："他不是不要了吗？你就从他不要的郁金香

里捡几棵嘛，拜托了。"

昊昊说："那也不行。"

"为什么不行？他都不要了。"

昊昊吞吞吐吐地说："因为……因为……因为你拿回家也种不活。郁金香不好种，你家又没有花园。"

小敏想了想，认为他说得有道理："好羡慕你们家，我家就只能种在花盆里，种什么都长不好。"

"不管种什么，肯定都要种到地里才长得好，种花盆里肯定不行。"昊昊说，"我们家从不在花盆里种东西，我爸爸想种什么，就直接在花园里挖坑种了，都长得特别好。我们家吃的苹果、柚子、橘子、葡萄、梨、火龙果、猕猴桃，等等等等，全都是我爸爸种的。"

小敏羡慕极了："这也太棒了吧！你们家太好了！我做梦都想要一个这样的大花园！"

小敏过生日的时候，请昊昊和几位要好的同学到家里玩了半天。昊昊快过生日的时候，小敏问他："你生日是不是下个星期？你要请我们去你家吗？我们都好想去你家哦。"

昊昊也为这事儿烦恼呢——他不想让同学们去家里。

昊昊搬出了早就想好的理由："我爸爸不喜欢小孩子去家里，他会不高兴的。我带巧克力来给你们吃啊。那巧克力可好吃了！是我爸爸从比利时带回来的巧克力，上面全是看不懂的外国字。"

小敏的注意力被转移到了巧克力上面。她羡慕地说："你爸爸真好！我爸爸从来不给我买巧克力，说巧克力会让我的牙齿坏掉！"

星期五的时候，学校组织家长会，所有同学的家长都来了。小敏见到昊昊的爸爸，跟他打了个招呼。

昊昊的爸爸看起来很和善，一直笑眯眯的。小敏跟他说了两句话，大着胆子问："昊昊生日那天，我们可以去你们家给他过生日吗?"

昊昊的爸爸笑着说:"当然可以了。你们有什么想吃的、想玩的,都可以跟我说,我提前准备好。"

小敏欢呼一声,向别的同学报告这个好消息。

昊昊的脸色却不太好。

第二天,昊昊开始生病。爸爸妈妈问他哪里不舒服,他说肚子疼,要么就说头疼。

爸爸带昊昊去医院检查,医生也查不出昊昊是什么病,就让他们先回家,情况严重了就赶紧来医院。

昊昊说自己难受,不想去学校,爸爸妈妈心疼他,就答应了他。

爸爸妈妈为昊昊的身体担心了好几天,昊昊生日那天,他们也完全想不起来要邀请昊昊的同学来家里了。

生日过后第二天,昊昊打算快点让自己的"病"好起来。好几天没上学,他还挺想去学校的。

让昊昊万万没想到的是,这天下午,他午睡后醒来,发现客厅里有好多鲜花、气球,桌子上还摆着许多好吃的。昊昊问:"发生什么事了?你们在做什么呀?"

妈妈对昊昊笑了笑,说:"这是个惊喜,不能告诉你。"

昊昊没多想,拿了几样自己喜欢吃的零食吃起来。

过了半个来小时,门铃响了。

妈妈让昊昊去开门。

昊昊打开门一看,外面站着乌泱泱一群人,全是自己的同学。昊昊想都没想,"砰"地把门关上了。

妈妈赶忙走过来,一边把门开开,一边打圆场说:"这孩子,可能一下子见到这么多人,以为是做梦呢。来来来,大家快请进。不用换鞋,直接进来吧。"

原来，同学们见昊昊病了好几天，都想来探望他。昊昊的爸爸妈妈觉得昊昊许久没去学校了，让同学们来陪他一起玩玩，应该也有助于他的恢复。因此这天下午，平时跟昊昊关系好的几位同学都过来了。

同学们进屋后，左右张望了一番，脸上都有些疑惑，也有些失望。

昊昊的爸爸妈妈招呼大家在客厅坐下，又让昊昊陪大家玩。

昊昊浑身不自在，一直低着头。

昊昊的妈妈注意到昊昊的脸色，吓了一跳："这是怎么了？脸怎么那么红？天哪，怎么这么烫，是不是发烧了？怎么耳朵、脖子都红得这么厉害？不会是猩红热吧？"

昊昊的爸爸也急忙走过去："怎么了？要不要紧？去医院吧？"

昊昊用力摇了摇头，推开他们，逃也似的跑回房间去了。

"这孩子，这是怎么了？"昊昊的爸爸想追过去，走了几步，他想起家里还有一群小客人，便歉意地说："真是不好意思，昊昊不知道为什么突然病了。我叫几辆车，先送你们回去吧。以后有机会的话，我们一定好好招待你们。"

昊昊的同桌小敏说："叔叔阿姨，你们别着急。我想我们知道昊昊为什么生病。"

昊昊的爸爸吃了一惊："你们知道？"

小敏看了看其他同学，大家都微微点头。

昊昊的爸爸妈妈很担心昊昊的身体，但见小朋友们这么笃定，便也耐下性子，让他们说说自己的推测。

同学们的推测很简单，总结一下，就是昊昊在学校经常"吹牛"。同学们都以为昊昊家里特别有钱、特别好。今天大家来了，才知道昊昊家根本不是他说的那个样子。昊昊之前不想让同学来家里，应该也是害怕"牛皮"被吹破。

听了同学们的话，昊昊的爸爸妈妈对视一眼，久久没有说话。

思索一番后，昊昊的爸爸对同学们说，这件事确实是昊昊做得不对，他会让昊昊出来承认错误，希望大家能原谅他。

昊昊的妈妈说："在成长的过程中，我们难免会犯错。犯错不可怕，但犯错后要承认，承认后要改正。如果是其他人犯了错，如果那些错误不是原则性错误，没有造成无法原谅的后果，我们也不用揪着不放。阿姨希望大家以后不要拿这件事取笑昊昊。阿姨不是帮昊昊开脱，只是看他刚才那样子，阿姨相信他自己内心已经很痛苦了。如果是我们自己，发生了这样的事，心里肯定也不好受。"

昊昊的同学说："放心吧，阿姨，我们不会取笑昊昊的。我有时候也会说大话。小时候人家问我，我爸每天赚多少钱，我说我爸每天赚好几千呢。其实是我有一次看到我爸在数钱，以为那就是他每天赚的钱了。"

同学们都笑了，纷纷说起自己以前说过的大话。

后来，昊昊的爸爸说服了昊昊，让他出来向大家承认错误。同学们果然像他们之前说的那样，并没有为此取笑昊昊，反而开解他。昊昊刚开始很不好意思，但跟同学们多待了一会儿后，逐渐放松下来。

送走同学们后，昊昊又为了自己装病的事情向爸爸妈妈道歉，表示自己以后再也不会这样了。

爸爸说："你能主动提起这件事，我感到很高兴。犯错不可怕，可怕的是不敢承认错误。今天来家里的同学都是很好的同学，他们很容易就原谅你了，也没有因为这件事取笑你，但这并不表示这件事就这么过去了。也许会有其他同学听说这件事，也许那些同学会因此对你有看法，会不喜欢你。淘气的同学可能会给你取外号，背着你或当着你的面取笑你。如果遇到这类情况，你打算怎么办？"

昊昊想了想，说："在这件事情上，确实是我先犯错的。如果他们要取笑我，就让他们取笑吧。这些天我心里真难受，就算他们取笑我，我也不会像这几天这么难受了。我以后不会再犯这样的错误了。"

昊昊的爸爸很欣慰："你能这么想，爸爸妈妈都很高兴。当然了，如果同学们的嘲笑让你心里不舒服，你也要告诉我们，不要自己闷在心里。"

昊昊点点头，表示知道了。

昊昊的妈妈又问了昊昊"吹牛"的原因。她担心昊昊是因为爱慕虚荣、有错误的金钱观才会这样的。昊昊看了看爸爸，解释说，他是有一次听爸爸跟别人打电话说，每个月赚的钱不到 100 万，家里的房子不到 3000 平方米，房子旁边有山、有湖，花园里种满了果树。昊昊觉得很好玩，就记下来了。后来有一次他跟同学们也这么说，同学们都相信了，很羡慕他，他觉得那种感觉很好，之后就继续跟同学们说那套话了。

昊昊的爸爸听昊昊这么说，老脸一红，说："我是跟别人开玩笑的，咳咳。"不过他觉得昊昊年纪小，可能不太懂得分辨这些，便向昊昊解释了一番，又说道："爸爸的言论给你造成了错误的印象，是爸爸的不对，我跟你道歉。"

许多家长在孩子犯错误的时候会给孩子找借口，觉得"小孩子本来就这样，长大了就懂事了"。如果孩子在外面犯了错，家长会代替孩子道歉，然后不痛不痒地教育孩子两句。在这种环境中长大的孩子很难有承认错误的意识，也难以从错误中汲取经验。

让孩子承认错误，可以让孩子学会为自己的行为负责，并让其不断成长。经过一次次小错误的教训后，孩子的逆情商会逐步提高，在未来遭遇失败或遇到困境的时候，就不会逃避责任，而是会坦然承认自己的错误和不足，并总结经验教训，避免下一次的失败。

在孩子犯错的时候，我们家长不能偷懒，一定要让孩子认识到自己的错误，并对自己的错误负责，以免孩子将错误延续下去。许多高傲自大、不懂礼貌、得过且过的人都是意识不到自己的错误，或不敢承认错误的人。

当然了，在教育孩子的时候，我们也要注意态度，不要一味批评、训斥，更不要想着"打一顿就长记性了"。过于生硬、粗暴的教育方式可能会让孩子内心受到伤害，使我们与孩子之间的关系产生裂痕。

锻炼孩子的意志力

什么是意志力？所谓意志力，指的是我们自觉地确定目标，并根据目标来支配、调节自己的行动，克服困难，从而实现目标的品质。

意志力强的人，逆情商比较高，面对困境时，会更有勇气和毅力克服，也会更容易取得成功。

在某种意义上，意志力是一个人的核心品质之一。一个不够聪明、不够自信、不够勇敢的人如果有强大的意志力，也是可以通过不断努力取得进步、实现理想的。相反，如果一个人很聪明，但缺乏意志力，便很可能什么事情都干不成。

理想的实现从来都不是容易的事情，要想取得成功，意志力是必不可缺的要素。

在孩子小的时候，我们就要有意识地培养孩子的意志力，毕竟这是一个漫长的、循序渐进的过程，开始得早一点，对孩子会更有帮助。

这可不是说越早越好，毕竟让襁褓中的孩子学会延迟满足、确定目标、克服困难未免太异想天开。根据儿童心理发展的特点，我认为从孩子三岁左右开始培养其意志力会更科学一些。在这个时期，我们不要对孩子有太高的期待，他们不可能一下子就变成在幼儿园课堂上专心致志、学习时毫不分心、能制定目标并努力实现的孩子。

在这方面，我认为我的高中同学小张做得比较好。去年暑假的时

候，小张和丈夫带女儿来北京旅游，我作为多年老同学，怎么也应该接待一下。他们想抽一天去潭柘寺，我正好也想去郊外活动活动，便跟他们约好周六一起去。

潭柘寺在山上，寺的建筑面积不算特别大，他们的女儿小禾才三岁多一点，转了一圈出来也不觉得累。

好不容易来一趟，我们想着多转转，看到旁边有条小道延伸向上，便往上走了一截。大概是好不容易爬一次山，小禾觉得兴奋，当我们提出往回走的时候，小禾表示自己还想上去看看。

小禾的爸爸说："你现在觉得不累，等走到上面，再往回走的时候，你可能就累了，就不想走了。"

小禾点点头，表示知道。

"你想好了，是你自己想上去的，待会儿你要是觉得累了，走不动了，我跟妈妈可都不背你。"

小禾全没在意，应了声"好"就往前跑了。

又走了一会儿，可能见周围没有更多新鲜好玩的东西，也可能是觉得有点累了，小禾主动说："我们回去吧。"

往回走了几分钟，小禾跟她妈妈说："妈妈，我想喝水。"于是我们在路边歇了一会儿，吃了一点背包里的水果、零食。

等再要走的时候，小禾不愿意走了。她张开手，可怜兮兮地看着她妈妈："妈妈，抱。"

小禾的妈妈拥抱了她一下。小禾又说："我有点困了。妈妈，你抱我下去吧。"

我在旁边差点笑起来——小禾的爸爸之前说不会背她，所以小禾就要求抱她了。不过我看我同学和她丈夫的脸色都比较严肃，没敢真的笑。

小禾的妈妈说："你跟爸爸说好了的，是你自己要上来的。我拉着你走，好不好？"

小禾搂着妈妈的脖子，试探着继续撒娇。她妈妈哄了几句，拉起她的手说："乖，再坚持一下。走不动了就歇一歇，我相信你没问题的。"

小禾没办法，只好跟着大人往下走。

路上，小禾走一段路就表示："妈妈，我走不动了。"她妈妈总是鼓励她，或者让她歇一歇，吃点巧克力之类的高热量食物补充体力。

不过，小禾毕竟只是三岁的孩子，快走到之前的出发点的时候，她可能实在是累得很了，没法再坚持，便停下不走了。

小禾的爸爸见她这样，便把她带到路边，免得挡住其他游客。他蹲下，对小禾说："我之前提醒过你，再往前走，等回来的时候你可能会觉得累，但你还是选择了往前走，对吧？"

小禾红着眼眶，低声应道："对。"

"我之前说了，我跟妈妈都不会背你，你要自己往下走，你当时答应了，是不是？"

"是。"

"那你现在是想做什么？"

小禾背着手，低着头，没看她爸爸。

"我之前提醒你的时候，你有没有想过自己会走不动了？"

小禾不说话。

"你现在觉得很累是不是？我跟妈妈也很累。"

小禾擦了擦眼泪，但没有哭出声。

我看了看小禾的妈妈。她一直站在旁边，没有干预丈夫和女儿的沟通，见孩子哭了，也没有冲过去哄孩子，或者加入丈夫的阵营一起教育她。

小禾的爸爸又跟小禾说了几句，表示自己和妈妈都是爱她的，只是希望她做事前能多考虑，能为自己负责，不要总想着靠爸爸妈妈。小禾似懂非懂地答应了。

小禾的父母不是心肠硬的父母，况且小禾毕竟还小，不可能一下子就成长起来，所以他们也没有坚决要求小禾一定要自己走下去。小禾的爸爸又问了小禾几句，小禾表示自己真的走不动了，以后不会再这样之后，小禾的爸爸便把小禾背了下去。

小禾的父母之所以会在下山途中让小禾坚持，主要是想让她学会为自己的行为负责，锻炼意志力倒是附加的。不过，我们之所以要锻炼意志力，在一定程度上也是为了负责——一个意志力薄弱、很容易放弃的人，是很难负起责任的，而一个负责任的人，意志力也会更强一些。

增强意志力的方法有很多，常见的有长期坚持做某件事，如长跑、打球等。我们也可以从心理层面入手，如在做某件事之前权衡利弊，以坚定决心，或者把大目标拆分为更容易实现的小目标等。

我们家长在锻炼孩子意志力的过程中也可以从这两方面入手，选一两个能让孩子长期坚持下来的活动，多鼓励、多沟通。比如，我有个朋友是让女儿练钢琴，并给孩子定了一个考过钢琴十级的目标，考过十级以后，如果孩子还想练琴就练，不想练的话，她也不强求。当然了，她这么要求的前提是她女儿本身就喜欢弹钢琴。

如果孩子没有比较感兴趣的事情，让孩子每天跑跑步也是可以的。跑步不但能锻炼意志力，也能让孩子的身体更健康，而健康的体魄又能从另一个层面增强意志力。

此外，生活中还有很多能锻炼意志力的小事情。比如，给孩子一块巧克力，让他五分钟后再吃；作业完成，且保证一定的正确率才能看动画片；玩二十分钟手机就要去看书等。意志力的锻炼是需要循序渐进的，如果刚开始孩子没能做好，我们也不要责骂，而应该多鼓励、多站在孩子的角度，用他们能听懂的方式跟他们交流。

　　磨炼意志力的过程是痛苦的，孩子如果一直是家人宠爱的"小王子""小公主"，很有可能对此非常排斥，此时就更需要我们家长多一些耐心，不断引导、鼓励，让孩子多坚持一会儿。孩子成长的过程也许会很缓慢，但哪怕只比上次多坚持一秒，也是一种进步。

　　我见过不少原本想培养孩子某种能力的家长，在孩子哭闹、耍赖、撒娇后就放弃了原则，给孩子充分的"自由"，然后到处跟人说："没办法，孩子嘛，就是这样的。"他们见到别人家乖巧懂事的孩子，只会觉得他们的孩子天生就很乖巧，而自家的孩子天生就很顽劣、不好管。他们似乎从不认为自己不会教育孩子，有些家长甚至在孩子离家出走后依然指责孩子，把这当成孩子天性恶劣的证明之一。

　　家长过于放任孩子的做法当然是不负责任的，但过于严苛也不妥。在前面的例子中，如果小禾的父母在最后依旧坚持让她自己走下山，我就会觉得有些太严厉了。如果孩子还小，在不是特别重要的事情上，没有必要对他们过于严格。在我们还背得动他们的时候，偶尔背一次又何妨呢？时光如流水，孩子长起来飞快，不用几年我们就背不动了，到了那时候，孩子再累也要自己走了。

　　我们不能忘记，孩子毕竟是孩子，很需要父母的关心和爱护。我们在锻炼孩子的意志力时，可以严肃，但不能冷漠；可以有原则，但不能"冷血"。当孩子需要帮助的时候，我们一定不能视而不见；当孩子坚持不住的时候，我们也不必非让他们继续努力。

　　我们最好可以时常与孩子沟通，多留心观察孩子，并根据孩子的性格和状态及时调整自己教育孩子的方式，以免给他们造成负面影响。

运动不但有益身心，也能提升孩子的逆情商

我们都知道运动有许多好处，也听过不少关于运动的格言，比如"生命在于运动"，"饭后百步走，活到九十九"等。在孩子年幼的时候，我们许多家长都有带孩子运动的习惯，因为我们认为足够的运动量可以让孩子成长得更健康。

前几天我在小区花园里看到一位妈妈忍着火气对坐在婴儿推车里的儿子说："你就是不肯下来是吧？我带你下楼是为什么呀？就是为了让你多运动、多晒晒太阳啊。多运动、多晒太阳是为了你的身体好，让你能健健康康地长大。你这样成天在家待着，下楼了也不活动活动，对你身体很不好的。"而她儿子苦着脸，坐在车上一言不发，就是不肯下车运动。

在我们的印象中，孩子似乎都有无穷的精力，整天蹦蹦跳跳不肯歇息，但对有的孩子来说，却是宁愿坐着、躺着也不愿意多走几步路的。

项项就是这样的孩子。项项小的时候，他爸爸妈妈会每天带他下楼散步、跑步，或者打打羽毛球，但随着项项渐渐长大，他的父母便很少带他一起运动了。这一来是因为他们觉得项项已经长大了，不用自己事事操心了；二来是因为项项的爸爸妈妈觉得，自己上班已经很辛苦了，下班回到家里后，只想躺下来休息，完全不想运动。

项项的家人都很讲究吃喝，尤其是项项的爸爸和爷爷，平常总做好吃的，顿顿都要吃肉。家里的零食更是源源不断，成箱成箱地买回

家。如果项项的爸爸和爷爷听说哪里有好吃的，就算是寒冬腊月或者大热天，就算要坐三四个小时的车也得去吃一顿。

在这样的家庭环境中长大，加上不爱运动，项项变成"胖胖"是情理之中的事。

项项的妈妈觉得项项有点胖了，需要减肥，但项项的爷爷奶奶认为，小孩子需要营养，长得白白胖胖才健康。再说了，家里又不是养不起，他们看到那些瘦成竹竿样的小孩，还觉得怪可怜呢。

就这样，项项从微胖变成了货真价实的小胖子。

项项是个乐观、开朗的孩子，跟同学们相处得很好。偶尔有同学开玩笑叫他"胖胖"，项项也不生气，总是笑呵呵的。

会让项项皱起眉头的事情只有一件，就是上体育课的时候，被体育老师点名鼓励。

通常来说，我们都认为"鼓励"是件好事，但对项项来说，老师的鼓励让他压力很大。他也想跑得快一点、跳得高一点、多投进几个球，可他没办法呀。不管老师和同学怎么为他"加油"，他还是跑得慢腾腾的、跳高跳不起来、打球投不进框里。

时间长了，挫败的次数太多，项项干脆破罐子破摔，有时候不想运动就跟老师请假，说自己不舒服。

项项感受到了请假的"好处"，遇到不想做的其他事情也开始请假。比如学校组织大家去郊外植树，项项想到要去那么远的地方挖土、抬水，不乐意去，就让爸爸跟老师请假。

项项的爸爸也不喜欢干这类活，觉得项项不想去是情有可原，不但帮项项请了假，还开车带项项去隔壁市里吃了一大盆红烧猪蹄。

就这样，项项快快乐乐地读完了小学，升入了中学。因为项项的文化课成绩很好，他考入了一所远近闻名的重点中学。这所中学很重视学生的身体素质，每天都有一节体育课。

这可苦了项项。项项跟体育老师请了几次假，体育老师觉出不对劲来，问项项："你说实话，你是不是想偷懒？"

项项不承认："不是。我真的不舒服，头疼。"

体育老师打量着项项的身材，觉得他大概率是不喜欢运动。不过她也不想表现出不信任项项的样子，便说："让你爸爸妈妈带你去医院检查检查吧。如果病了，就早点治疗，顺便让医院开一张证明。如果没有证明，再请假我可不批准啊。"

项项苦恼极了，不知道该怎么办才好。同桌见项项一直闷闷不乐，问项项怎么了。

项项把自己的情况告诉了同桌。

同桌说："你看隔壁班的英语老师，听说他那么胖就是因为病了，打激素打的。我爸也胖，他有糖尿病和高血压。你这么胖，没准也有病呢。让你妈带你去检查检查呗，万一真有病，你就不用上体育课啦。"

项项觉得有道理，万一呢？

项项回到家，跟妈妈说自己不舒服，要求妈妈带自己去医院做检查。

各种检查项目都做完，拿到检查报告后，医生一边翻看项项的体检报告，一边问项项最近有没有觉得哪里不舒服。

项项吞吞吐吐地说："有时候会头疼。"

医生看了看项项，又看了看检查报告，说："检查结果看起来没问题啊。是怎么个疼法？一阵一阵地疼，还是一直疼？整个脑袋都疼，还是某个部位疼？"

项项随便扯了个谎。医生又让项项去做了几个检查。

拿到检查报告后，医生皱着眉头说："暂时看不出是什么问题。"

项项的妈妈干着急："医生，他这情况不要紧吧？"

医生说："说不好。"

项项却只关心一件事："医生叔叔，您能给我开病假证明吗？不用上体育课那种。"

医生抬头看了看项项，随后便请项项的妈妈先出去，说他要跟项项单独谈谈。

等项项的妈妈出门后，医生说："病假证明啊，可以帮你开。你还有没有其他地方不舒服？"

项项想了想，说："没什么，就是常常觉得累，懒得活动。"

医生问："是不是爬几层楼梯就会累得气喘吁吁的？"

项项点头说："差不多吧。"

医生点点头，说："所以你也不愿意上体育课是吧？"

项项不好意思地笑了。

医生又说："你头疼也是因为体育课吧？"

项项低下了脑袋。

医生教育了项项一番，说自己不会告诉项项妈妈，但是他希望项项以后不要再装病了。

项项答应了医生。

医生请项项的妈妈进屋，项项的妈妈着急地问："医生，他这情况不要紧吧？"

医生笑了笑，再三保证说："不要紧，他就是有点虚，空腹血糖水平有点高，回去多注意饮食，再让他多运动运动就好了。"

项项的妈妈拍了拍儿子的肩膀："听到没？平常让你少吃、多运动，你总不听。你才多大？要是落下点什么毛病，看你以后怎么办！"

项项撇了撇嘴："我爸也不运动，不也没什么事吗？"

项项的妈妈冷笑一声，说："他？他是没来医院体检。你让他过来查查，保准能查出一堆毛病。我跟你讲，从今天开始，你和你爸，谁都别想偷懒。"

从医院回来，项项的妈妈下定决心，一定要让项项和他父亲养成运动的习惯。晚上开家庭会议时，她宣布了这一决定。

项项和爸爸虽然不愿意，但考虑到自己的身体素质确实不怎么样，便不情不愿地答应了。

第二天一早，一家三口出门运动。

项项和爸爸跑了几分钟，很快就觉得不行了。项项本来还想坚持走几步，但爸爸喘着粗气说："我不行了，肺都要炸了。我得慢慢来，不能一下子练得太狠了。这么早，我们去小区后面那家店吃油条吧？好久没吃那家的油条了。刚出锅的油条，外焦里嫩，别提多香了。"

项项被爸爸勾起了馋虫："好欸！他们家的小笼包也好吃！我要吃一屉包子，加三根油条，再来两碗豆浆。"

项项的妈妈恨铁不成钢地说："吃吃吃，你们就知道吃！"

"能吃是福呀。"项项的爸爸说，"今天已经跑过步了，可以了。再接着跑下去，可能会猝死的。你难道忍心让我跟儿子就这么没了？"

项项的妈妈没办法，只好跟他们一起去吃早餐。别说，那家店的油条真是香。

项项从妈妈手里逃过一劫，却逃不过体育老师的"魔爪"。

项项没有证明，知道就算自己跟体育老师请假也不会被批准的，就乖乖跟同学们排成一队，和大家一起做热身运动，然后绕着操场跑步。

项项长期缺乏锻炼，加上比较胖，跑了一会儿，觉得身体不舒服，就想放弃了。他慢慢沿着操场边上走，想跟老师说，自己不适合运动，勉强运动会有危险的。

体育老师却是一点都不知道心疼人。她让项项跟着大家跑，跑不动就走着，走不动就一点一点往前蹭，总之就是不许项项坐下休息。

项项真是太绝望了。他一边走着一边想：不知道现在转学来不来得及？

好不容易绕着操场走完四圈，项项刚想休息休息，体育老师叫住他："大家都在跳远了，你也排到队伍后面去吧。"

项项真是想哭。他勉强跳了两个不太标准的立定跳远，坐在地上不肯动弹了。

体育老师问项项怎么了，项项说自己腿疼，动不了了。

老师见项项满头大汗，加上她也知道，对项项这样相对比较胖的孩子来说，跑步、跳远等运动对膝盖造成的压力比较大，便也没有勉强项项，而是让他自己在旁边活动活动。

快下课的时候，体育老师让别的同学自由活动，把项项叫到旁边，表示她明白项项的感受，运动确实是很痛苦的。不过，运动也会带来许多好处。为了身体健康，适度运动是很有必要的。

老师说得很诚恳，项项觉得老师是一番好意，便也跟老师说了自己的真心话。

项项说，他也知道运动有很多好处，但是运动真的太难了，他没办法一直坚持。

老师用自己知道的事例鼓励了项项一番，说如果项项愿意的话，她很高兴帮项项做运动计划。

项项很感动，说自己愿意试一试。

老师笑着拍了拍项项的肩膀，说："你现在的体重有一点超标，有些运动你不适合做，可能会引起运动损伤。另外，你最好能控制饮食，把体脂率降下来一点。放学后你来办公室找我，我们一起研究研究，看怎么能让你在保证营养的基础上，减少卡路里的摄入。"

跟体育老师讨论过后，项项对自己的减脂和运动计划信心倍增。

晚上，项项的妈妈又跟家人念叨，说希望大家多运动运动，别整天在家待着。

项项的爸爸苦着脸说："你还说呢，早上跑了一会儿，我膝盖一直疼。我同事都建议我别跑步了。"

项项的妈妈不信他的话，恨恨地说："你又来了。你老给儿子做坏榜样！"

项项的爸爸很委屈："真的，我真的膝盖疼。不信你上网搜搜，跑步本来就伤膝盖。要是不顾疼痛，坚持跑步，会加重膝关节损伤。要是还不管不顾，继续跑步，情况会越来越严重，甚至有可能落下残疾的！"

项项的妈妈翻了个白眼，说："你别危言耸听。我怎么没事呀？那些每天早上锻炼的人，他们跑了这么久，他们怎么没事呀？"

项项的爸爸说："每个人的情况不一样。反正我膝盖疼，我不能跑了。"

项项的妈妈不好逼迫他，毕竟他有可能是真的膝盖疼。她转过头来看着项项，问："你膝盖不疼吧？"

项项摇摇头说："我不疼。不过我也要少跑步。我们体育老师说了，我现在不太适合跑步，等以后体重降下去了再跑。"

项项的妈妈见项项把体育老师搬出来了，有点犯嘀咕："你们老师真这么说？"

项项说："骗你是小狗。"接着，项项把体育老师今天跟他说的话，还有他们一起制订的计划跟家人说了。

项项的妈妈听完儿子的话，有些感慨地说："你们老师这么好啊？真的是……她爱吃什么？改天我做点好吃的给她送过去。"项项的家人已经习惯了用食物表达感情。

项项摇摇头说："这我就不知道了。"

项项的爸爸出主意说："多送几样呗。好吃的那么多，我不信会有人都不喜欢。"

项项的妈妈横了丈夫一眼，说："你就知道吃。现在儿子要减肥、运动了，你也得赶紧跟上。"

项项的爸爸苦着脸说："我膝盖疼。"

项项的妈妈想了想，说："那就听老师的，先不跑步了。我上网搜搜，看还有没有别的比较好的运动。"

项项的妈妈上网查了一下，得知跑步膝盖疼的原因有很多，有可能是因为跑步前的热身不到位，也可能是因为跑步时的姿势不对，当然还有可能是因为长期缺乏锻炼，突然进行体育活动，膝盖适应不了，结果引起了膝盖软组织损伤和韧带劳损。另外，体重指数（英文为 Body Mass Index，简称 BMI，是用体重公斤数除以身高米数的平方得出的数字，是国际上常用的衡量人体胖瘦程度及是否健康的标准）大的人在运动时会对膝盖产生较严重的压迫情况，过量运动会使膝盖产生损伤，因此需要控制跑步时间和频率。

项项的妈妈又继续搜了搜其他和运动损伤有关的知识。

运动损伤指的是运动过程中发生的所有损伤。造成运动损伤的原因有很多，比如运动前没有做准备活动，或准备活动不充分，就有可能造成肌肉拉伤、扭伤；运动过程中没有保护，发生意外时就可能会使运动人员受伤；运动人员身体素质差、动作不准确、运动量过大等可能会给肌肉造成负担，进而影响运动人员的身体状态；运动器材老化、受损，运动人员穿着的衣物不适合运动等也有可能造成运动损伤。

运动损伤又分为急性损伤和慢性损伤。

急性损伤一般指在某次运动时，因为一次性的直接或间接行为造成的机体损伤，主要包括肌肉拉伤、关节韧带扭伤等。在运动过程中，肌肉急剧收缩或过度牵拉有可能造成肌肉损伤；而在外力作用下，关节承受的负荷超出正常承受范围时，有可能会使关节周围的韧带拉伤，严重时甚至可能导致部分韧带断裂。

发生急性损伤时，应立刻进行冷敷，然后用绷带包裹受到损伤的部位，24 小时到 48 小时后拆除绷带。如果情况严重，冷敷、包扎后应及时去医院做进一步检查和治疗。

与急性损伤不同，慢性损伤的周期较长，是多次轻微损伤不断积累后造成的机体损伤。急性损伤后如果不及时治疗，或机体损伤后没有完全恢复就进行体育锻炼，也有可能会转化为慢性损伤。慢性损伤主要包括肩袖损伤、髌骨软骨软化症等。

肩袖是覆盖于肩关节前、上、后方之肩胛下肌、冈上肌、冈下肌、小圆肌等肌腱组织的总称。肩袖损伤会严重影响上肢外展功能。一般在需要肩关节极度外展的反复运动中容易出现肩袖损伤，如游泳、举重、网球、羽毛球等。肩袖损伤后要充分休息，少做或不做推、压等动作。如果损伤较重，进行保守治疗后效果不明显，可能需要手术治疗。

髌骨软骨软化症是膝关节常见病，是由多次损伤引起的软骨退变性改变。主要症状是膝关节髌骨后疼痛，轻重不一，通常平地走路时症状不明显，而在下蹲起立、上下楼或走远路后疼痛加重。严重时需要进行手术治疗。

运动损伤中，急性损伤多于慢性损伤，急性损伤治疗不当或过早参加训练等原因可转化为慢性损伤。发生急性或慢性损伤时都应该根据受伤程度适当调整运动量，并及时进行功能锻炼，促进恢复。

在了解过运动损伤后，项项的妈妈给丈夫和儿子普及了相关知识，并告诉项项，现在他的身体素质较差，要注意运动量。如果他觉得哪里不舒服，一定要及时告诉老师和爸爸妈妈，千万不要逞强，以免发生损伤事故。

项项的爸爸说："不运动就不会发生运动损伤了。"

项项的妈妈瞪了他一眼，说："你听过'因噎废食'这个成语吗？因为吃饭噎住了，所以连饭也不吃了？运动带来的好处是很大的，我们只要做好防范，运动过程中多注意一些就行了。你——"她用手指了指丈夫，"从明天开始，节食、锻炼。既然胖子不适合跑步，那先从快步走练起吧。你们要加油锻炼，我会一直监督你们的。"

项项的减肥、运动之旅并不顺利。他不是意志坚定的孩子，要不然也不会放任自己长这么胖还不运动了。在吃少油少盐的营养餐时，项项即使吃饱了也还是馋得慌，有时候就会忍不住啃个炸鸡腿或者吃块红烧肉；项项运动的时候也很辛苦，腿脚酸软，使不上力，累得满头大汗，真想立刻躺下来休息。

不过，在体育老师和妈妈的鼓励下，项项还是坚持了下来。一个学期后，虽然项项的体重变化不大，但体脂率（指人体内脂肪重量在人体总体重中所占的比例）降低了，身上的肉更结实了，运动成绩也有所提升。

项项有些不好意思地跟体育老师说："对不起啊老师，都怪我嘴馋，老是忍不住加餐，不然我的体重肯定能降下去的。"

体育老师拍了拍项项的肩膀，叹了口气说："不怪你，你家人做的饭菜太好吃了，你能控制着不长胖就很不容易了。你看我，还有别的老师，我们每天运动量那么大，这学期都胖了一圈。"

项项的妈妈之前送过一些吃的到学校，都被体育老师以不符合学校规定拒绝了。一次偶然的机会，体育老师和同事们去一家烧烤店聚餐……他们从此打开了变胖的大门。后来体育老师才知道，那是项项的二叔开的店。

项项见体育老师终于理解自己的不容易了，装模作样地叹了口气说："那我只能努力当个灵活的胖子了。或者当个相扑运动员那样的，虽然看起来一身肥肉，但肥肉底下也有很多肌肉。"

时光流逝，项项慢慢长大了。他一直不喜欢运动，但他体会到了运动的好处，休息时也会跟同学或朋友一起打羽毛球、网球、乒乓球等。

以前，项项遇到不会做的题目，或者不擅长的活动，稍微尝试一下，发现自己做不好，很快就放弃了。有时候他甚至懒得尝试，看一眼就跳过了。现在项项各方面的状态都不错，而且因为掌握的技能比较多了，他对自己的能力很有自信，遇到不太熟悉、难度比较高的项目也愿意挑战。大多数情况下，他都能取得成功，但即使失败了，他也不会觉得太难受。他想，等自己长大一些，会的东西多一些，再来挑战就没问题了。

随着孩子渐渐长大，学业任务加重，学业压力变大，没有充沛的精力和高效运作的头脑，是很难在紧张的学业中取得好成绩的。充沛的精力和灵活的头脑都离不开健康的身体，而健康的身体离不开适当的运动。

运动不但能强身健体，还能提升逆情商。我们都知道，有良好运动习惯的人，意志力也比较强。这些人在面对困境时，相对于没有运动习惯的人来说，会表现出更好的韧性，更不容易被困境压倒，拥有更强的超越困境的信心，而这些都是逆情商高的表现。

此外，运动还能舒缓心情，所以在遇到逆境时，良好的运动习惯也能让孩子更容易走出来。许多有运动习惯的人都有这样的体会：心情不好或特别焦虑的时候，出去跑几圈或者打打球，负面情绪会缓解很多。科学研究也证明这种作用是实际存在的，而不是人的心理作用。有研究表明，运动时人的大脑会分泌内啡肽，内啡肽不但有镇静作用，还能使人产生愉悦感，因此运动可以有效调节人的情绪。许多有长跑习惯的人说自己对跑步"上瘾"，部分原因就是运动会产生这种正向激励作用。

　　毫不夸张地说，运动不但能让孩子以更高效的状态投入学习中，对孩子的心理成长也有重要影响。

　　如果孩子不喜欢锻炼，我们可以先让孩子在上学或放学的时候多走走，休息时在学校或小区里散散步；时间紧张的话，也可以在家里准备一些跳绳、哑铃之类的器材，让孩子学习 40 分钟左右就活动活动身体。如果孩子住校，或者学校安排的时间紧，没办法在早上或晚上抽出时间锻炼，我们可以鼓励孩子下课后去操场活动活动。

　　事实上，只要孩子愿意运动，总能找到时间的。需要注意的是，时间不够的话，孩子可能会觉得没必要做准备活动，所以我们也要告诉孩子，做剧烈运动前不要太着急，要先做热身；如果没时间热身，就不要做太剧烈或难度太高的运动。

　　总之，运动的好处有许多，如果想要培养孩子的逆情商，我们可以从培养孩子的运动习惯着手，让孩子爱上运动，养成良好的运动习惯。

让孩子通过阅读培养逆情商

现如今，大部分父母都会鼓励孩子多看课外书。关于读书的好处，相信各位家长已经知道得很多了。我们想培养孩子的逆情商，鼓励孩子多读书也是方法之一。许多书的主人公都很勇敢，面对逆境决不屈服，虽然被打倒了很多次，依然能一次次站起来。孩子多看这类书，多少会受到正面影响，当孩子遇到困境的时候，我们也能用书中主人公的经历鼓励孩子。

不过，凡事都需要适度。有些孩子过于爱看课外书，甚至偷偷熬夜看，上课时也把书藏在课本底下看，便很容易导致学习成绩下滑。

我表姐家的儿子小凯读三年级时，非常喜欢各类热血漫画，喜欢主人公勇敢冒险、不断在困境中成长，最终战胜反派大 boss 的故事。每次去书店，小凯都要缠着他妈妈买新的漫画，不买就不高兴。

我表姐认为，这类书中的主角都特别厉害，孩子看完能学到一些坚韧不拔、不服输的精神也是好的，毕竟现在都说孩子的逆情商也很重要嘛。不过，她也怕孩子看太多，耽误了学习，所以对书的数量控制得很严格，一个月只买两本。

没承想，孩子有孩子的办法。小凯就读的学校有一间小图书馆，里面有很多连环画可以外借，小凯是常驻学生之一。此外，他有一个同学，家里人买书很大方，基本想看什么都会给孩子买。小凯便跟那位同学打好了关系，常常跟他借书，有时候还会撺掇那位同学买新书。

小凯的学习成绩还可以，他有时觉得老师讲课很慢、很啰唆，便忍不住掏出课外书看几页。这类漫画书的故事情节都很吸引人，小凯年纪小，自制力也差一些，总是忍不住一直看下去，直到下课铃声响起，才恍然发现一节课都过去了。

这么干的次数多了，小凯胆子越来越大，也越来越无所谓，有时甚至一上课就开始偷偷看。

因为小凯经常不认真听课，很多知识点都没有掌握好，慢慢地，有些作业他不会做了，甚至老师讲的东西他都听不明白。

因为怕爸爸妈妈检查作业的时候发现他做错太多而骂他，也因为要看的漫画书太多，时间有点不够用，小凯开始抄同桌的作业。

小凯的同桌是个学习很有规划的女生，基本上每天都会在课间休息的时候把当天的作业写完。小凯为了抄她的作业，答应每天都她跑腿买零食。

到了期中考试的时候，小凯各门功课都是勉强及格。

因为班上不排名，小凯的妈妈不太清楚这个分数是不是很差，觉得有可能是这次考试很难，大家都考得不好。直到开家长会的时候，小凯的妈妈听到班主任说，只有"极个别同学不到 70 分"，才明白小凯的考试成绩真的很差。

小凯的妈妈左思右想不明白，甚至有点不敢相信，觉得是不是老师弄错了。毕竟，她每天下班吃完晚饭后都会检查小凯写的作业，而小凯的作业正确率很高。

回到家后，小凯的妈妈拿出最近几天的家庭作业让小凯重新做了一遍，才相信他确实有很多不会的。她认真"审问"了小凯，得知他最近一直在看课外书，还抄同学的作业。

小凯的妈妈非常生气，她对小凯说："难道你看的那些漫画书里的男主角、大英雄，会不好好学习，会在课堂上也偷偷看课外书吗？好的你不跟他们学，自己整出一堆坏习惯。"

小凯怕妈妈从此不让自己看漫画了，连忙辩解说："好的我也学了。比如我很有正义感，之前我们班有男生欺负女生，我帮那女生出头了，老师还夸我了呢；比如……比如以后遇到困难，我会努力克服，迎难而上的！"

小凯的妈妈不信儿子的鬼话："迎难而上是吧？那你先把这几道题做对吧。做不对不许睡觉。"

之后，小凯的妈妈又赶紧联系了老师，请老师在课堂上多"关照"小凯。

小凯的妈妈工作忙，小凯的爸爸也经常要加班，回到家都比较晚了，小凯有好几个小时的"自由时间"。之前他们以为小凯在好好写作业，现在看来，他是在看漫画。

为了防止以后再发生这样的事情，小凯的爸爸让小凯的奶奶每天陪着小凯写作业，不让他单独在房间写。

每天下班回到家后，小凯的爸爸妈妈还会给小凯补课，把他不会的知识点都帮他补上。

小凯跟妈妈约好了，要把学习成绩提上去，至少恢复到之前的水平，不然以后都不能看漫画了。小凯为了以后的"好日子"，也为了向妈妈证明，自己跟漫画中的主人公学到了很多宝贵的品质，一直克制着自己，努力学习。

到了期末的时候，小凯的成绩总算上去了。

像小凯这样"热爱"读书的孩子肯定不少，我小时候也有过类似的经历。我的父母是完全反对我看课外书的，只要发现我看，就会教训我，让我好好看课本去。但这种反对显然没有多少效果。要知道，孩子一天大部分时间都在学校，回家后大部分时间都在自己的房间，想避开父母偷偷干些"坏事"是很容易的。

所以，家长如果发现孩子看课外书，千万不要简单粗暴地制止。孩子虽然小，却也是有自己的思想的，不可能像木偶一样，家长说什么都乖乖照做。我们与其反对孩子看那些"没营养，浪费时间"的课外书，不如想办法跟孩子成为书友，用自己的品位影响孩子看书的品位。

当然了，我们毕竟是成年人，喜欢的书肯定跟孩子喜欢的不一样，有很多书我们都会觉得幼稚，这时候，我们千万不要取笑孩子，不要说"你都这么大了，还看漫画"。许多优秀的漫画作品是非常精彩的，我们不能因为自己不喜欢而直接否定。许多三四十岁的成年人也依然喜欢漫画，有些老人也非常喜欢。我们一直在说要尊重孩子，尊重孩子的喜好当然也是很重要的部分。

尊重是一方面，但如果孩子已经因为沉迷于课外书而影响到学习，我们一定要尽快找到原因，针对性地解决问题。一般来说，沉迷于课外书的孩子大致分为三种。

第一种是觉得无聊，没有人生目标，对学习成绩不是特别在乎，甚至觉得学习、工作等都没意思。

这种情况在孩子小时候可能比较少，大都是在中学阶段。面对这种情况，家长最好想办法帮助孩子找到真正感兴趣的事情，并鼓励孩子努力掌握一门技能。

不过，据我观察，许多家长自己也没有找到人生目标，引导孩子可能会有些困难。如果是这种情况，我们不妨多给孩子创造一些条件，鼓励他多接触一些新鲜的领域，多参加一些讲座，或者多参加一些社会活动，比如去博物馆、敬老院当志愿者等。

我们要让孩子明白，就算暂时没有人生目标，现阶段该做的事情还是要做好，还是要努力过得快乐、有意义，否则未来很可能会后悔。

此外，家长不妨协助孩子树立一些短期目标，如期末考试要考多少分左右，要怎样努力达到，等等；如果孩子有喜欢的东西，如美食、旅游、玩具等，也可以适当地进行奖励。

第二种是被书中所描述的世界吸引，我表姐的儿子小凯就是这种情况。许多资深书粉都是这样的，甚至成年后依然会保有这份热爱，如一些热爱《指环王》《哈利·波特》《三国演义》等书的书迷，能把书中的某些话记得一字不差，能就某个细节展开丰富联想，把角色的心理状态分析得头头是道。

这类情况相对比较容易解决，因为重复阅读某几本书，不需要长时间占据整块时间，跟孩子商量好，每天看几页，或者看多长时间就可以了。此外，家长如果对孩子喜欢的书比较了解，也可以用书中的正面例子引导孩子，毕竟大部分小说的主角都会有善良、勇敢、公正、谦虚之类的美好品质。

第三种是逃避现实。这类孩子的家庭环境往往不是很和谐，父母可能很忙，或者对孩子不是很关心，孩子因为缺少陪伴，内心比较孤独。通常这类孩子的成绩不是很好，对学习可能会产生一些焦躁心理，于是便借课外书逃避现实、打发时间。

这类孩子并不是真的爱看那些书，有时看完甚至会加深焦虑。面对这种情况，家长应该多关心孩子，好好与孩子沟通，鼓励他跟家长说出心里话，并及时提供帮助。

不过，我也明白，有些家长和伴侣、家人之间关系紧张，或者工作特别忙，一时半会儿也难以改变家庭环境，对孩子的关心可能心有余而力不足……

如果是这类情况，我建议家长好好跟孩子谈一谈，客观地说一说自己的难处，我相信孩子多少会理解的。同时，家长也可以听听孩子的意见，找到使双方都能接受的平衡点。

在这里，我需要提醒大家，也提醒我自己，不要把自己的委屈和不如意加到孩子身上，甚至对孩子说出"我这么辛苦都是为了你"这类话。孩子不是自己想生下来的，他们并没有强求我们做什么，我们努力、忍耐都是我们自己愿意的。抱怨、不甘都不能帮我们解决问题，把不愉快宣泄给弱小的孩子，只是加重孩子的负担，让他也变得不快乐而已。

这三种沉迷于课外书的类型并不是泾渭分明的，很多时候会有一定程度的重合，家长需要认真分析，逐一解决问题。

希望我们的孩子都能成为爱读书，但不至于沉迷书中，忘记学习任务的孩子，也希望孩子都能从书中主人公身上学到美好的品质，成为不惧困境的勇士。

P_{art} 2

抗压教育和抗压训练

乐观的孩子逆情商更高

抗压能力强的孩子，在遭遇失败或遇到困境的时候必然能更快地走出来，也更不容易被失败或困境压倒，因此我们有必要培养孩子的抗压能力。

抗压能力也叫心理承受能力。对于逆境引起的心理压力和负面情绪，抗压能力强的人有更好的承受能力和调节能力。面对逆境时，抗压能力强的人在适应力、容忍力、耐力、战胜力等方面都会有更好的表现。

从生理心理学的角度看，抗压能力的高低与个体先天的神经特征有关。有相关领域的学者认为，不同个体大脑神经系统的耐受性大小、强弱以及兴奋和抑制之间的平衡性是不同的。有些人的大脑神经系统天生就比其他人的耐受性高，所以他们能够承受较大的刺激，抗压能力也比较强；有些人则相反，他们的大脑神经系统天生就不能承受太大的刺激，抗压能力比较弱。

生理结构上的差异我们无法改变，我们能做的是尽量在心理层面提升抗压能力。

想要提升孩子的抗压能力，我们可以对孩子进行抗压教育和抗压训练。那么，我们怎么教育和训练孩子呢？可以从这四个方面进行：乐观态度、主观幸福感、认知调节、解决问题的技巧。

本节我们先来说说乐观态度对孩子抗压能力的影响，其余内容我们会在后续章节进行说明。

乐观的孩子在面对挑战和困境的时候，抗压能力必然比持悲观态度的孩子强。什么样的教育会让孩子变得更乐观呢？

首先我们要知道，乐观和悲观的区别主要在于"认知"。对同一件事，因为我们每个人的认知不同，看待的角度不同，因此会产生不同的想法和行为。比如考试分数不太理想，有的孩子可能会想"我做题的时候有点粗心，下次注意就好了"；有的孩子会认为"这么简单的题目我都做错了，我真是笨啊"。持前一种想法的孩子显然比持后一种想法的孩子更乐观。

培养孩子乐观的态度，从根本上来说就是培养孩子正确看待问题的角度。在这一点上，我们家长要注意自己平日里的思维方式。如果我们自己在遇到不顺心的事情时，总是态度悲观，那很有可能在不知不觉中把这种情绪和思维方式传递给孩子。

有些家长可能以为遇到重要的事情时才能看出一个人是悲观还是乐观，但其实我们从日常生活中的许多细节里就能看出来。

　　阿明的爸爸妈妈总觉得自己是很乐观的人，经常笑呵呵的。他们教育阿明，这世上没什么过不去的坎，看事情要乐观，开心最重要。他们自己都没有发现，他们在日常生活中经常用悲观的思维看待事情。

　　比如早上的时候，阿明的妈妈喊了阿明好几遍，阿明才慢腾腾地起床。阿明的妈妈忍不住数落他："你都多大了，这坏习惯是改不了了是吧？你怎么这么懒啊？"

　　阿明的妈妈并不只是对阿明这样，如果她自己忘记带什么东西，或者找不到某样东西了，她也会对自己很生气，骂自己："真是笨死了！"

　　出去旅游的时候，阿明的爸爸总是说："出来玩真没意思，还不如在家里待着。吃又吃不好，睡又睡不好。这景也没什么看头，跟我们家那儿差不多嘛。我以后再也不跟你们出来了。"

　　去陌生地方的时候，如果走错了路，阿明的爸爸妈妈会埋怨对方："我就说要走那边吧？你就是不肯听我的，害得我们多走这么多路。"

如果阿明考试没考好，阿明的爸爸妈妈会数落他："整天就知道玩，不知道好好学习。就你这成绩，初中都考不上，我看你以后怎么办！"

阿明的爸爸妈妈还经常拿阿明跟别人家的孩子比较："你看那个谁谁谁，人家学习成绩多好啊，而且很有礼貌，见到我们都会喊叔叔阿姨。你再看看你，成天就知道玩！来了客人都不知道出来打招呼。你说说你，学习不好就算了，为人处世也不行。你怎么就不能学着点？"

诸如此类的话听多了，阿明又哪里能养成乐观的性格呢？他总觉得自己这也不好，那也不好，别说遇到困难的时候，就是平常，他也觉得自己干什么都不行。

因为抱着这样的心理，加上身体羸弱，阿明总觉得提不起劲来，经常唉声叹气。

阿明的爸爸妈妈看不惯他这副样子，又数落他："干什么呀这是？年纪这么小，整天唉声叹气像什么样子？"

阿明没办法，只好在想叹气的时候默默忍了，但他的负面情绪并没有得到纾解，一些负面的想法也没有被调整过来。结果就是，阿明的抗压能力越来越差，人际交往方面的表现越来越不好，学习成绩也开始滑坡。另外，他和父母之间的关系也越来越疏远了。

如果我们想培养孩子的乐观态度，就不能像阿明的爸爸妈妈那样说话。他们总是把小问题放大，把问题的根源归结为"人本身有问题"。这种思维方式对解决问题、改变孩子的行为习惯是没有帮助的。时间长了，还会影响孩子的自信、自尊，甚至影响亲子关系。

在看待问题产生的原因时，我们要尽量往我们可以改变、控制的方向看。比如，孩子早上赖床，可能是头天晚上睡得太晚了，可能是因为各种原因不想去学校，也可能是因为单纯没睡够。针对不同的原因，我们可以采取不同的策略，不能简单粗暴地把问题的根源归结为孩子"懒"。

对平日里习惯用悲观方式看待问题的家长来说，培养孩子乐观态度的过程也是我们家长自我提升的过程。我们要学会改变自己看待事物的方式，尽可能用发展的眼光挖掘事情好的一面。比如前面提到的例子中，阿明的爸爸觉得旅游很无趣，列举出了许多自己觉得没意思的方面，难道他真的完全没有从旅游中得到一丝乐趣吗？如果他试着去挖掘、寻找旅游中有趣的一面，会完全找不到吗？退一万步来说，即使找不到，能和妻子、孩子一起度过假期，不也是一件很好的事情吗？

在培养孩子乐观态度的时候还要注意一点，就是不要太生硬地批判孩子的悲观情绪。

我们都不喜欢听到别人抱怨、埋怨，不喜欢别人唉声叹气，因为我们不希望自己被别人的负面情绪影响。可是作为家人，作为父母，当我们的孩子有负面情绪，开始唉声叹气的时候，我们除了批评孩子，还有更多可以做的事情。像阿明的爸爸妈妈那样，完全不问孩子为什么不开心，为什么要叹气，只是简单粗暴地禁止孩子叹气，是很不可取的。

其实，不只是对孩子，家人之中，如果有谁抱怨、叹气，我们也不要生硬地让对方"不要抱怨、不要叹气"。我们每个人都有可能遇到不顺心的事情，都有可能因为这些事情产生负面情绪。家人之间更应该给彼此提供情绪价值，更应该给彼此多一些爱心和耐心。我们对待彼此的方式，也会在无形中给孩子做榜样。

下一次，如果有人抱怨、叹气，不妨耐心听听对方遇到了什么事，对那件事有什么看法。如果对方看问题的角度比较悲观，我们可以反驳对方的观点，引导对方用更乐观的态度看待问题。这样做不但能开解对方，也能让对方未来再遇到类似事件时，可以用更平和的心态应对。

教育孩子的时候也是同样的道理。比如孩子觉得自己考试成绩不好是因为自己笨，我们可以反驳孩子说："我不这么认为。我觉得我们只要平时努力学习，把每天该做的作业好好做完，考试做题的时候认真一些，就一定能取得不错的成绩。"还可以举几个孩子表现得比较好的例子作为佐证。

总之，培养孩子的乐观态度可以从日常生活中的许多小事做起。我们要尽量让孩子从好的一面看待事情，不让消极负面的看法影响到孩子的心境。面对同一件事，换一种角度看问题，我们也许就能发现更有价值的一面。

主观幸福感高的孩子抗压能力更好

前面我们说过，想要提升孩子的抗压能力，我们可以从四个方面进行：乐观态度、主观幸福感、认知调节、解决问题的技巧。上一节我们谈论了乐观态度，这一节我们来谈谈主观幸福感。

主观幸福感是一项心理指标，是评价者根据自定的标准对生活质量的整体性评估。主观幸福感的主观性较强，并不必然与客观环境的优劣呈正相关。一个贫穷的乞丐、一个总是遭遇各种逆境的人也可能有较高的主观幸福感；一个衣食无忧的王子、一个看似一生顺遂的公主，也可能会觉得自己不幸福。

主观幸福感较高的人会更频繁地感受到快乐、满足、自豪、感激等正面情绪，抗压能力也会比较强。

从孩子的角度看，与他们的主观幸福感相关的主要因素有日常生活和学习中的体验、自我效能感、归因方式、社会支持、学习成绩等。下面我们来分别进行说明。

首先是日常生活和学习中的体验。如果孩子的生活和学习中总是有不愉快的事情发生，比如父母总是吵架，甚至有暴力倾向；在学校被同学排挤、被老师针对等，那很少会有孩子觉得自己幸福。

作为父母，我们应该处理好自己的情绪，尽量少在孩子面前表现出负面情绪，以减轻对孩子的伤害。我们也要时常关心孩子在学校的情况，看孩子对同学、老师是否有负面评价，如果有，可以想办法帮孩子调整心态，让孩子能以更积极健康的状态投入学习生活中。

与孩子的主观幸福感相关的第二点是自我效能感。什么是自我效能感呢？

自我效能感是美国心理学家班杜拉提出的概念，指的是我们对自己是否能完成某一工作的自信程度。如果孩子的自我效能感高，对自己很自信，相信自己一定能做成某件事，那孩子遇到想做的事情时就更有可能努力完成，遇到挫折和逆境时更有可能想办法去克服。即使暂时失败，他们也能客观地分析失败原因，从失败中吸取经验教训，而不会自暴自弃、自我怀疑，因此他们的主观幸福感会比较高，抗压能力也比较强。

堂堂是个自我效能感很高的孩子，她一直相信，只要自己愿意，一定能做到别人做不到的事情。

实际上，了解堂堂的人都知道，堂堂有很多缺点，比如做事三分钟热度、喜欢把事情拖到最后一刻完成、胆子比较小等。此外，堂堂的身体还不好，从小就是在药罐子里泡大的。

不过，这些都没有影响到堂堂对自己的自信。她说："每个人都有缺点，也有优点。我的缺点并没有影响我做事情。我做事情三分钟热度，所以我什么都知道一点，涉猎的范围广啊。往大了说，我也算上知天文，下知地理，琴棋书画样样都会；往小了说，我不管去哪儿，跟谁聊天都有得聊，不会冷场，也不会无话可说。

"我把事情拖到最后一刻完成，是因为我知道我能在规定的时间内完成，我又没有违反约定，也没有使任务失败，这有什么问题？每个人都有拖延的时候，不可能时时刻刻都绷着，什么事情都干好。偶尔放松一下，也不耽误干正经事，算是劳逸结合吧。

"至于说我胆子小，这也没什么呀。每个人都有害怕的东西，有的人怕天黑，有的人怕鬼，而有的人是怕自己没钱、怕被别人嘲笑、怕别人过得比自己好。我的胆小又没有影响我的生活，也不影响我取得好成绩，我完全不觉得这有什么问题。"

堂堂的身体底子差，知道只能靠自己后天改善，所以她一直有运动的习惯，几乎每天都会锻炼。

堂堂的学习成绩一直很好，虽然高考的时候发挥失常，只考上了一所普通的大学，但她并没有就此失去信心，而是更加努力学习，最后拿到了世界知名高校的录取通知书。在国外读完了硕士、博士后，堂堂回到国内，成了一名大学老师。

与主观幸福感相关的第三点是归因方式。归因方式就是我们对他人或自己行为原因的因果解释和推论。如果一个孩子总把自己失败的原因归结到外部原因，比如学校和老师不好、父母对自己不够关心、制度不公平等，那他的主观幸福感必然会比较低。这种归因方式不利于孩子总结经验教训、提升自己，孩子的抗压能力会比较差，遇到挫折和逆境时容易放弃。关于各种归因方式的说明，我们会在第五章进行详细讲解，这里只简单说一下。

我们家长在跟孩子交流时，要注意引导孩子正确归因。在孩子遇到打击或失败时，比如考试成绩不理想、跟同学的关系不好，我们可以让孩子说说为什么会造成这类结果，也就是让孩子自己尝试归因。我们要注意让孩子往自己可以改变的方向归因，比如考试成绩不佳可能是最近学习不够努力、做题的时候粗心大意，而不是因为孩子笨、懒；跟同学关系不好，可能是自己有什么不好的言行，可能是同学有做得不好的地方，也可能是彼此有误会，而不是因为自己性格差、讨人厌等。

接下来我们谈谈社会支持。这里的社会支持指的是父母、亲戚、朋友在物质和精神上给予的支持和帮助。足够的社会支持可以增加孩子的归属感，提高孩子的自尊和自信，孩子的主观幸福感肯定比缺少社会支持的孩子高。

人具有社会性，孩子在成长过程中更是离不开其他人的关照。我们家长要注意让孩子发展良好的人际关系，让孩子明白，许多事情是相互的，家人、朋友之间要互帮互助、互相支持等。

需要注意的是，有些家长不懂跟孩子沟通，也不了解孩子，总用让孩子反感的方式向孩子灌输大道理，孩子不愿意听，家长气急了就开始教训孩子。这种方式不利于亲子关系，也不是特别好的社会支持方式。孩子是独立的个体，我们不要总是想着"教育"孩子。

最后我们来谈谈学习成绩对孩子的主观幸福感的影响。

现在有些家长觉得，没必要让孩子拼命考出好成绩，只要孩子健康快乐就好。他们的出发点是好的，但孩子如果在上学，一天中的大部分时间都在学习，那学习成绩的好坏必然会影响到孩子的主观幸福感。

我们都当过学生，让我们设想一下，如果孩子的学习成绩很差，上课时听不懂老师讲的知识点，被老师点名回答问题时答不出来，课下写作业时也总做错，孩子的心态真的会不受影响吗？即使我们家长能保持好的心态，总是告诉孩子没关系，但孩子在面对老师、同学时能完全不在意吗？

我们不一定要让孩子努力学习，努力考出好成绩，但为了孩子身心的健康发展，如果孩子的学习成绩不理想，我们还是应该及早干预，找出孩子学习成绩不佳的原因，尽可能帮孩子调整。

此外，如果孩子学习成绩较好，也可以从侧面提升孩子的自信、自尊等，遇到不如意的事情时，孩子就能更好地调整自己的心态，抗压能力也会比较好。

综上所述，孩子在日常生活和学习中的体验、自我效能感、归因方式、社会支持、学习成绩等都会影响孩子的主观幸福感。如果我们想提升孩子的主观幸福感，并进而提升孩子的抗压能力，要从各方面入手，不能简单认为给孩子提供好的物质条件就可以了。

认知调节，让孩子学会正确看待问题

认知调节也是抗压能力的一部分。

我们都有这样的经验：由于知识水平、成长环境、生活条件不同，对同一件事，不同人会有不同的看法和认识。比如有些人身体不舒服时，会马上去医院；有些人则会觉得忍一忍就好了，反对去医院。再比如成年人大多会觉得医生救死扶伤，值得尊敬；小孩子则可能会觉得医生很可怕，会让他们难受。

因为认知不同，对同一客体，不同的人会产生不同的情绪，做出不同的反应。让孩子学会认知调节，就是为了让孩子能学会以更积极合理的方式看待不同客体，进而调整其不良情绪和行为。

对于困难和逆境，如果孩子能换一种方式去看，也许会发现它们并没有那么可怕，并不是不可战胜的。认识到这一点后，孩子的抗压能力和逆情商无疑会有所提升，处理问题时也会更加高效。

想要让孩子学会认知调节，可以从改变孩子对某些事物的固有认知入手。

思齐是一个对自己要求很严格的小姑娘。她的学习成绩很好，几乎每门功课都是优秀；她从来不迟到早退，每天早上都会按时起床，有时爸爸拖拖拉拉，她还会背着小书包催爸爸快点。

爸爸妈妈离婚后，思齐一直是自己梳头发、穿衣服，每天打扮得干净整洁，从不要爸爸替她操心这些小事情。

但思齐也有做不好的事情，所以她经常生自己的气。比如上体育课的时候，思齐经常被老师点名批评。

思齐的身体素质比较差，跑步没有其他同学跑得快，跳远没有其他同学跳得远。当几个班的同学进行全班接力跑比赛的时候，思齐总是拖后腿的那个，班主任有一次忍不住说思齐"跑步跟走路的速度差不多"。

更可怕的是，思齐的肢体协调性很差，老师总说她跳远的姿势不对，说她的两只脚不是同时落地的，按道理不应该给她分数。

思齐也努力过，每天跟着爸爸出去跑步，也一遍遍练习过跳远。但思齐的体育成绩还是没有起色，跑步速度还是不快；至于跳远，思齐自己觉得自己是双脚同时落地的，但体育老师不这么看，每次都说她做得不对。

期末考试时，体育老师让思齐用鞋带把两只脚的脚腕绑在一起，让她先近距离地跳，然后再试着往远处跳。

思齐跳了小半节课，还是没有起色。

体育老师很无奈，表示不知道该拿她怎么办才好了。

同学们考完试后本来在旁边的球场打球或聊天，现在都跑过来围观思齐。思齐觉得很丢脸，一整天都心情不好。

放学后，爸爸到学校接思齐，他见思齐有些无精打采，便问思齐是不是哪里不舒服，要不要去医院。

思齐摇摇头说没事。

爸爸见思齐不像没事的样子，便问："怎么了，是不是在学校遇到什么不好的事情了？来，跟爸爸说说，也许爸爸能帮你想想办法。"

思齐看了看爸爸，有些不耐烦地说："你能有什么办法？我自己都没办法！你又不是神仙，又不能给我换个身体。"

"不试试怎么知道？"爸爸停下脚步，让思齐也停下，站在原地不要动。

爸爸围着思齐走了两圈，边走边打量她。最后他停下脚步，说："我刚才问过神仙了，神仙说思齐的身体很好，不用换别的，而且他那儿也找不到更好的身体换给思齐了。"

思齐撇了撇嘴，说："他胡说！"

爸爸责怪思齐说："怎么能这么说神仙呢？他这么说肯定是有道理的。"

思齐没说话。

爸爸领着思齐往回家的方向走，问道："你觉得神仙说得不对，那你说说，你为什么会觉得自己的身体不好，想换一个呢？"

"就是不好啊。"思齐说着说着，突然觉得很委屈，语气里带着哭腔，"别人跑步都很快，跳远随随便便就能跳了，我怎么都不行。我真是废物！"

思齐的爸爸反驳说："这我可不能同意，不许这么说我女儿啊。"

思齐被爸爸的语气逗笑了，她纠正说："那我不是废物，我的身体是废物！"

思齐的爸爸说："也不能这么说。你这也不算什么问题吧。你看你能跑能跳的，干什么都很好啊。我觉得，你是不是对自己的要求太高了？"

思齐有点生气地说："我这还叫对自己要求高啊？我又没有想要参加奥运会、得世界冠军。我是我们班跑得最慢的，甚至有可能是全校跑得最慢的。跳远不合格的也只有我。"

思齐说着说着，越说越伤心，忍不住哭起来："不只是跑步和跳远，我打篮球也不行，打羽毛球也不行，仰卧起坐起不来，投铅球也不行……我干什么都不行，我就是废物……"

爸爸见思齐这样，慌了手脚："哎呀，怎么哭了？别哭别哭。有没有带纸啊？那……我去前面那家店里买点纸，你在这儿站着不要动。我马上回来。"

思齐的爸爸买了纸回来，把包装拆开，抽出两张纸巾递给思齐，让她擦眼泪。

思齐已经哭了一会儿，觉得有些不好意思，就强忍着不再哭。

思齐的爸爸等思齐的情绪缓和下来一些了，问她："是不是同学和老师笑话你了？"

思齐摇摇头说："没有。"

"真的？"

"真的没有。"

思齐的爸爸想了想，说："要不，我们好好规划一下？或者报几个班，请那些专业的教练看看怎么锻炼比较合适，好不好？"

思齐说："没用的。我天天跟着你跑步，还是跑不快。我同桌运动会前跑了一个月，比赛的时候就拿到第一名了。"

思齐的爸爸摸摸脑袋，有点不知道该怎么安慰女儿了。

思齐是个懂事的孩子，加上刚才哭了一会儿，她心中的负面情绪已经纾解了一些，因此她为了让爸爸宽心，也为了让自己不要太纠结这件事，便说道："不过，我比那些身体残疾的孩子幸运多了。有些孩子连路都走不了，干什么都不方便，我好歹还能蹦蹦跳跳呢。"

思齐的爸爸听女儿这么说，知道女儿是为了安慰他这个做父亲的，有些感动，也有些心疼。他突然想到前几天看到的小科普，便组织了下语言，说："我前几天听到一个概念，叫'肌肉耐劳度提升'。讲的是大部分人通过锻炼，肌肉承受疲劳的能力会有所提高。你有过这种感觉吧？剧烈运动过后，肌肉会很酸痛。"

思齐点点头说："有，我们体育老师每次让我们练蛙跳过后，我的腿都要酸好几天。上次我们去爬泰山，从山上下来，我的腿也疼了好几天。我们体育老师说肌肉酸痛是因为乳酸堆积，多锻炼几次，身体适应后，这种酸痛的感觉会减轻。"

思齐的爸爸说："是，大部分情况下是这样的。不过也有少部分人不管怎么锻炼，肌肉承受疲劳的能力还是很弱。也就是说，别人锻炼一段时间后，肌肉就适应了，再锻炼就不会有很酸痛的感觉，但肌肉耐劳度提升较小的人，训练过后还是会有肌肉酸痛的感觉，改善不明显。"

"啊，他们好惨。"思齐有些同情他们。

思齐的爸爸笑了笑，说："相对那些肌肉耐劳度提升较高的人来说，他们可能的确更辛苦一些。不过，'改善不明显'并不是完全不会改善。我想，如果把时间线拉长，拉到几年、十几年，只要他们坚持锻炼，虽然提升速度很慢，但经年累月下来，肯定也会有一定程度的变化。你认为呢？"

"应该会吧？我不知道。"思齐说。

"我觉得肯定会的。"思齐的爸爸说，"这可能跟你的情况差不多——我是说原理差不多，不是说你的肌肉耐劳度提升也较小——有些人通过训练，能很快提升运动成绩，但你通过训练后，成绩提升比较慢。不过，只是'提升比较慢'，并不是'不会提升'，对不对？只要我们找对方法，坚持锻炼，肯定能有所提升的。"

思齐快快地说："那得多少年啊？"

"我也不知道。"思齐的爸爸说，"我说这个主要是想让你明白，我们都是人，不管从哪个方面来说都不可能是完美的。这不是我们自身有问题，不是我们不努力或者运气差之类的，是我们的基因就这样。"

思齐撇了撇嘴："那我们的基因真不怎么样。"

　　思齐的爸爸摸了摸思齐的脑袋，笑着说："基因没有好坏之分，只是时代不一样，大家喜欢的特质不一样。同样的特质放在不同的时代，得到的评价会完全不一样。比如在古代，大户人家的小姐基本不出门，也不用进行体育锻炼，身体弱一些也没关系。"

　　"这我知道！"思齐说，"他们喜欢弱柳扶风那样的娇小姐。林黛玉就是那样的。"

　　"对呀。在那个年代，如果一个姑娘跑得比马还快，随便一蹦就老远，大家都知道她身体强壮，背地里肯定会笑话她的。当然了，背后笑话别人这种行为是很不好的，人家姑娘不管身体娇弱还是身体强健都是人家自己的事情。"思齐的爸爸觉得话题拉得太远了，拍了拍额头说，"我们怎么说到这个了？哦，我跟你说这些，是想说，我们的基因有不同的特点，那些特点无所谓好坏。我希望你不要对自己的身体有意见，而是能学会接受这些特点。"

　　思齐想了想，说："但是我们生活在现代，当然要用现代的标准来看了。现在大家都喜欢运动成绩好的女孩子，林黛玉那样的会被笑话的。"

　　"哎呀呀，"思齐的爸爸见自己说了这么半天，思齐又绕回来了，颇有些无奈，"那我们总不可能把所有好处都占了，一点不好的都不要吧？你之前一直在说你表现不好的一面，难道你就没有表现好的一面吗？林黛玉的身体不好，但她读过很多书，在文学方面很有才华啊。你的学习成绩一直不错，上个星期你们学校的作文比赛，你不是拿了一等奖吗？"

　　思齐说："那比赛就是学校的作文比赛而已，又不是拿了茅盾文学奖。"

　　"口气还真不小，跟茅盾文学奖比。"思齐的爸爸乐了。

　　思齐也笑了。她已经隐隐约约想明白了，不怎么为自己的运动成绩不好难过了。

"那些拿了茅盾文学奖的作家,哪个跑步跑得过刘翔?他们之中肯定有体育成绩差的,没准有的人跑步跑得比你还慢,你信不信?"思齐的爸爸说。

"我信。"思齐笑了起来。

"就是嘛。我们有好的一面,也有不好的一面,不能只要好的,不要不好的。你好好想想,是不是这个道理?"

思齐点点头,说:"我觉得我有点明白了。爸爸,我会好好想想的。"

思齐的爸爸点点头,带着女儿继续往家的方向走。

走了一会儿,思齐把爸爸说的话想了一遍,觉得爸爸说得有道理,她应该学着接受自己没有运动天赋的事实,而不能单纯讨厌自己的身体。不过,接受自己没有运动天赋并不意味着她要放弃提升自己的运动能力。

思齐叫了一声"爸爸",跟他说:"我们找个好一点的运动教练,让他好好教教我吧。我同桌和体育老师都说我跑步的姿势不对,但我不知道什么姿势是对的,体育老师也没时间单独教我。也许我学会正确的跑步姿势以后,跑步速度会快一些呢。"

思齐的爸爸听到女儿的话,觉得很欣慰。他应道:"好,我回家以后就跟朋友打听打听。"

思齐应了一声。突然,她想到一个很重要的问题:"我们不要找太贵的教练啊。爸爸,我们家还有钱吗?"

思齐的爸爸连连说:"有,有。你放心吧。"

很多时候我们没办法改变现实,我们能做的只有改变自己的认知。大家也许听过关于半瓶水的故事。

一个人在沙漠里迷了路，又累又渴，但是身上带的水只剩下半瓶了。这个人觉得很沮丧，也很害怕，因为他一直想着"只剩下半瓶水了"，很怕自己会因为缺水而死在沙漠里。

另一个人也是在沙漠里迷了路，也是只有半瓶水了，但他一直想着"很幸运，我还有半瓶水"。他期待着在剩下的水被耗干前能找到水源或得到其他人的救助。

这两个人在沙漠中遇到困境时的心情是完全不同的，这种心情会对他们的身心状态、求生意志等产生极其重要的影响。

在其他条件都一样的情况下，对未来怀着乐观态度的人肯定更不容易被困境打倒，更容易找出解决问题的方法，更容易让自己从困境中抽离。

想要培养孩子的逆情商，我们应该尽量让孩子学会第二个人的思维方式。而想要让孩子学会这种方式，我们可以通过让孩子学会更多知识，从更多角度看待问题入手。

这很容易理解，因为大多数时候，我们之所以会陷入负面情绪，对某件事有负面评价，是因为我们不了解事情的全貌，只能用自己有限的学识，从有限的角度看待问题。举例来说，小孩子害怕医生，是因为他们不了解医生在做什么，等到他们明白以后，就不会怕了；孩子怕跟陌生人说话，是因为他们不知道对方是什么样的人，会用什么样的方式对待他们，等他们多接触几次陌生人，知道大家都是善意的之后，就不怕了；成年人因为违反交通法规被罚款，觉得很倒霉、很难受，但如果他们能想到，还好这次违规没有造成交通事故，没有伤害到其他人，而是被交警及时制止了，那他们可能就会觉得自己很幸运了。

在孩子小的时候，这类认知调节需要我们家长协助。比如孩子害怕、焦虑的时候，我们要了解孩子害怕、焦虑的原因，然后指出孩子的这种想法有哪些不合理的地方，告诉孩子应该用怎样的方式看待问题。

等到孩子渐渐长大，我们可以试着让孩子学会自己进行认知调节。比如让孩子学着"吾日三省吾身"，想想自己的日常言行有没有什么不太好的地方，想想别人的日常言行有没有让自己觉得不舒服的地方，某些事换成自己处理要怎么办等。

通过这种方式，孩子能逐渐发现自己的不足，改变自己原有的对某些事情的看法，并进而调整自己的认知方式。

掌握解决问题的技巧，让孩子更有底气应对逆境

前面我们说的主要是心态问题，想要有效应对逆境，只是心态好还不够。如果想要提升孩子的逆情商，我们还要让孩子掌握一些解决问题的技巧。

在孩子比较小的时候，我们可以通过言传身教让孩子掌握一些解决问题的技巧。大家不要把这类技巧想得太复杂，其实我们很多家长都有过这类经验。比如家长一遍又一遍地告诉孩子，如果出门在外，找不到爸爸妈妈应该怎么办，还会让孩子把家庭信息和家长的电话背下来。这其实就是一种解决问题的技巧。我们通过一遍又一遍的重复，让孩子把这一技巧铭记于心。如此一来，孩子在找不到爸爸妈妈的时候就不会过于惊慌失措，也不会完全没有办法主动联系到爸爸妈妈。

对于其他问题也是同样的道理。如果孩子已经知道遇到某类问题要怎么解决，那么等他们真的遇到那些问题的时候，虽然刚开始可能会有些不知所措，但冷静下来后，想到以前学过的那些技巧，就可以按部就班地尝试解决问题了。

　　浩博的爸爸妈妈很注意培养浩博，经常会告诉他一些解决问题的技巧，但浩博对爸爸妈妈的唠叨很不以为然，左耳进右耳出，完全没把爸爸妈妈的话放在心上。

　　爸爸妈妈让浩博背家里人的电话号码，浩博也不想背。浩博觉

得，不管他去了哪儿，爸爸妈妈都会找到他的，根本用不着他去找爸爸妈妈。

有一次，浩博跟妈妈去步行街逛街。妈妈在一家店里挑选物品的时候，浩博看到店铺外面有一个大哥哥穿着奥特曼的衣服走过，一下子就被吸引了。虽然妈妈千叮咛万嘱咐，让浩博不要一个人乱跑，但浩博觉得，他只是出去看一眼，不算乱跑。

浩博追着奥特曼大哥哥跑了一会儿，路过的其他小朋友也跟着追过来。那些小朋友都是跟爸爸妈妈一起过来的，追上奥特曼大哥哥后，就让爸爸妈妈帮他们拍照。

浩博也跑过去凑热闹，摆出不同的姿势，跟奥特曼大哥哥拍了好几张照片。

小朋友们拍完照片后，心满意足地跟着爸爸妈妈离开了。浩博看看周围，发现自己到了一个完全陌生的地方，找不到妈妈了。

浩博有些害怕，不知道该怎么办才好了。

奥特曼大哥哥见别的小朋友都跟爸爸妈妈一起离开了，只有浩博一个人站在不远处，便走过去问："小朋友，你的爸爸妈妈呢？他们怎么没跟你在一起啊？"

浩博说："我爸爸去爷爷家了，我妈妈在买东西。"

奥特曼大哥哥说："你妈妈在哪儿买东西？我带你去找她好不好？"

浩博摇摇头："我不知道她在哪儿。我就记得那里有好多好多衣服。"

奥特曼大哥哥看看周围，发现附近的店铺都是服装店，每家店里都有许多衣服。

"你妈妈的手机号码你记得吗？我帮你给她打电话吧。"奥特曼大哥哥掏出手机说。

浩博努力回想着："嗯，138……3……4……7……嗯，不对，是138……4……嗯……138……"

奥特曼大哥哥见浩博想不起来，安慰他说："你别着急，慢慢想。有时候就是这样的，越着急越想不起来。"

浩博点点头，说："我不着急。我妈妈肯定能找到我的。"

"这么肯定？"奥特曼大哥哥笑了。

浩博坚定地点点头："肯定能的。"

奥特曼大哥哥见路上有许多行人，但没有一个像在找孩子的，不由得有些担心。他一时也想不出好办法，就带着浩博在路边的台阶上坐下了："那我们在这儿等等你妈妈吧。可惜不是在商场，不然能让广播员吼两声，让你妈妈直接过来找你。"

浩博看看周围，又看看奥特曼大哥哥，问："我是不是跑得太远了？"

奥特曼大哥哥没好气地说："那我哪儿知道啊？谁让你乱跑的。"

浩博小声辩解说："我没乱跑。我是跟着你跑的。"

奥特曼大哥哥听浩博这么说，有些不乐意了："这不能怪我吧？又不是我让你跟着我跑的。"

浩博说："你的衣服真好看，还有面具，跟真的一样。"

"本来就是真的。"

浩博瞪大了眼睛："你骗人。"

"谁骗你了？人类，睁大你的眼睛。"奥特曼大哥哥站起来，比了几个影视剧里奥特曼经常比画的手势，说，"我是货真价实的奥特曼。"

浩博瞪大眼睛瞧着他，还是不相信他是真的："如果你是真的奥特曼，你一定能帮我找到我妈妈吧？"

奥特曼大哥哥顿了顿，说："当然能。"

"那我们去找我妈妈吧？"浩博站起身，拉住奥特曼大哥哥的手。

奥特曼大哥哥望望四周，有些不知所措。其实，他只是个十来岁的少年，遇到这种事情，他也有些不知如何是好。他强装镇定，让浩博重新坐下，说："在弄清楚事情到底是怎么回事前，我们不能擅自行动。"

浩博气哼哼地说："你一定是找不到我妈妈才这样的。你是假的！假奥特曼！"

奥特曼大哥哥说："人类，注意你说话的态度。小心我让警察叔叔来抓你。"

浩博完全不害怕："我又没有做坏事，警察叔叔不会抓我！"

奥特曼大哥哥说："你一件坏事都没做过？你爸爸妈妈不让你吃糖，你没有偷吃过？"

浩博有些不可置信地望着他，惊讶得说话都结巴了："你……你怎么知道？"

奥特曼大哥哥得意极了："因为我是真正的奥特曼。"

过了一阵，浩博见妈妈还没有找过来，有些想妈妈了，便央求道："奥特曼大哥哥，我们去找妈妈吧？"

奥特曼大哥哥没有这方面的经验，父母也没教过他该怎么办，不禁有些烦恼。他试探着提议说："要不，我们报警吧？让警察叔叔带你去找妈妈。"

没想到浩博立刻往后退了好几步，拼命摇头说："不去不去。警察叔叔会抓我的。"

"他们不会的。"

"他们会。"

"不会的。"

"会。"

……

奥特曼大哥哥很后悔，他之前真不应该跟浩博说"警察叔叔会抓他"之类的话。他跟浩博解释了好久，说警察叔叔只会抓坏人，会帮助小朋友，不会抓小朋友。

浩博将信将疑："我爷爷说警察叔叔会抓小朋友。"

奥特曼大哥哥说："你别听你爷爷的，他是胡说八道。"

浩博犹豫了一会儿，问："胡说什么？八……八道是什么？你不要说我爷爷的坏话。"

奥特曼大哥哥摆摆手："不说了，不说了。那你说现在怎么办吧？"

浩博说："你想办法啊。你是奥特曼，只要你想，肯定能想出办法的！"

奥特曼大哥哥有些不好意思地摸摸脑袋："我……我也没那么厉害。"不过，面对浩博期待的目光，他还是努力开动脑筋，想要找出解决问题的办法。

"那我们一起想办法吧。"奥特曼大哥哥说。

他们想了好几个办法，又一一否决了。奥特曼大哥哥又累又渴，忍不住抱怨说："你看，谁让你记不住你妈妈的电话号码的？你要是能记住，不是早就能打电话给你妈妈了吗？"

"我就是记不住，我有什么办法？"

奥特曼大哥哥揪了揪浩博的衣服，说："你身上有没有什么地方写着电话号码？我家狗的脖子上挂着牌子，上面写着我妈的电话。你脖子上挂着牌子吗？"

浩博躲开他的手，说："没有没有，我又不是狗。"

两人又重新陷入一筹莫展的境地。

奥特曼大哥哥说："我实在想不出办法了。我饿了，想回家吃饭了。"

浩博闷闷不乐地看着地面，不知道在想些什么。

奥特曼大哥哥想回家，但又不忍心，怕有坏人把浩博拐走了。他想，要不还是报警吧。警察来了之后，要怎么说呢？警察不会以为他是坏人吧？要是警察问他，他怎么会跟这个小孩在一起……突然，他脑中灵光一闪。

浩博正觉得心里难过，不知道该怎么才好。突然，奥特曼大哥哥跳到他面前，比了个奥特曼的标志性手势，说："人类，跟我走吧！"

"欸？"浩博不明白他是什么意思，但经过几个小时的相处，对他比较信任了，所以条件反射地站起来，跟着他走了几步。走了几步后，浩博反应过来，停下脚步说："我不走。我要等我妈妈来找我。"

奥特曼大哥哥说："都这么久了，你妈妈应该是找错路了。别等了，走吧。"

浩博想到妈妈找不到自己，自己可能再也见不到妈妈了，不禁哭了起来："我不走，我要等我妈妈。"

"你这孩子怎么这么犟？"奥特曼大哥哥有些不耐烦，"等了这么久，你妈妈如果要过来，早就过来了。她不过来，我们就去找她呗。"

浩博抹了抹眼泪："你知道去哪里找她吗？"

奥特曼大哥哥说："我刚才想到了。你不是说一直跟着我才到了这儿吗？那我们就把我今天走过的路再走一遍吧！你注意看路边，看有没有你认识的店啊。没准路上就能碰到你妈妈了！"

浩博立刻来了精神："那我们走吧！"

浩博跟着奥特曼大哥哥，一路往回走。奥特曼大哥哥教育他说："你还真跟着我？也不怕我把你卖了。"

浩博说："你是奥特曼，不会卖小孩的。"

"真是好骗啊。"奥特曼大哥哥嘟囔了一句，又教育他，"如果是其他人，你可不能随便跟着他们走，知不知道？还有，你以后要去哪儿玩的话，要跟你爸爸妈妈说一声，不然像今天这样，看你怎么办。"

浩博乖乖地答应了。

两人一路走，一路说着话。突然，浩博听到爸爸在喊他："浩浩！"

浩博扭头望去，真的看见了爸爸。浩博撒开腿跑向爸爸，扑到了爸爸的怀里。

爸爸激动地抱起浩博，眼泪都出来了。浩博也很激动，哭着跟爸爸说，他好想爸爸妈妈。

浩博的爸爸给妻子打电话，抱着浩博准备去找她会合。浩博扭头张望四周，寻找奥特曼大哥哥的身影。

奥特曼大哥哥冲浩博摆了几个奥特曼的姿势，然后转身离开了。

虽然我们做家长的都希望孩子能熟记我们的电话号码，不过有时因为孩子还小，他们不太能清楚地背出我们的电话号码。此时我们有必要做一些保障措施，比如定制一个号码牌拴在孩子身上，或者在孩子的衣服下摆处绣上手机号，以防万一。

在教给孩子解决问题的技巧时，如果说教的方式不起作用，我们也可以用做游戏的方式引导孩子。比如可以跟孩子一起"演戏"，如果他遇到了某些突发情况应该怎么办。通过这种方式，孩子可能会更乐意接受父母的教导，对需要他们掌握的技巧也能有更深刻的认识。

在孩子渐渐长大一些后，他们遇到的问题可能是我们家长难以解决的。比如孩子的英语不好，而我们家长的英语可能也不好，此时我们很难提供有效的学习技巧给孩子。另外，在人生路上，我们也不可能一直给孩子指导，因此让孩子学会自己寻找解决问题的技巧也是很重要的。

我们家长最好能让孩子从小养成自己想办法解决问题的习惯。遇到一些小问题的时候，我们可以引导孩子。比如孩子喜欢的玩具坏了，我们可以问孩子："我们应该怎么解决这个问题呢？除了哭以外，我们还有别的办法吗？"在路上、书上或者电视里看到一些现象、故事，比如我们前面例子中的故事时，也可以问孩子："如果是你遇到这类情况，你会怎么做？"

孩子的应对方法可能很幼稚，不过我们也要以鼓励为主，不能嘲笑他们。在孩子提出自己的想法后，如果我们觉得他们的方法不合适，也可以提出自己的想法让他们参考。如果我们自己也没有好的方式，可以鼓励孩子上网搜索，或者让孩子问问老师、了解相关知识的长辈等，然后请孩子告诉我们解决方法。

孩子的理解能力比不上成年人，也很难在一次谈话后就记住解决办法，所以我们可以隔一段时间就跟孩子聊聊类似的话题，看孩子是否真的理解并记住了。

需要注意的是，在进行这类谈话的时候我们不要太过严肃，不要表现得就像要进行一次严肃的教学。我们的语气和态度最好能轻松一些，就像平时聊天一样。如果孩子对话题不感兴趣，我们也不要一直追问，更不要逼着孩子回答。

此外，我们也要告诉孩子，如果遇到自己解决不了的问题，要大胆地向其他人求助。关于这一点，从前面的例子中可以看出来，有些家长在教育孩子时，会拿"警察叔叔"吓唬孩子。这是很不可取的教育方式，会让孩子对警察产生恐惧心理。我们应该让孩子形成这样的观念：当他们遇到麻烦的时候，警察是很可靠的求助对象。

放弃也没关系

前面我们说过，逆情商低的孩子在遇到挫折和逆境时容易放弃，似乎放弃是很不好的事情。如果孩子抱着这样的想法，不管遇到什么挫折和逆境都不放弃，那既没有必要，也容易使其身心健康遭到破坏。

"不管多难都不能放弃"这类想法还可能让孩子感到不必要的压力，使他们不能以好的心态应对挫折和逆境。有时候，心态对孩子做事能否成功有很重要的影响。如果孩子的心态不好，可能无法发挥出真实的水平，结果本来能够取得成功的事情也很可能会失败。

我们家长应该让孩子明白，放弃也没关系。

我们这里说的放弃分成两种情况，一种是完全无法取得成功的情况，一种是有可能取得成功的情况。

我们先来说说完全无法取得成功的情况。

心理学上有一个概念，叫"最近发展区"，是苏联的心理学家维果茨基提出来的理论。

简单来说，维果茨基把需要孩子掌握的概念和规则分成了三个部分：第一部分是孩子已经完全掌握了的；第二部分处于孩子正掌握的边缘，是孩子没有完全掌握，但通过学习和训练可以完全掌握的；第三部分则是完全超出孩子目前的接受能力的部分。

最近发展区指的就是孩子学习的边缘区。

举例来说，小学生虽然识字不算很多，但也可以阅读一些理解起来有难度的散文，即使有的地方他们还看不懂。如果他们多看几遍，多听老师或爸爸妈妈讲解几回，是有可能弄明白的。这种难度适中的散文对孩子来说就属于最近发展区里的内容。但是，如果让孩子看一篇理论物理类的论文，那他们大概率是既看不懂也听不明白的，因为这类论文里的知识完全超出了小学生的接受能力。

按照维果茨基的原意，最近发展区指的是知识的发展（也有学者认为最近发展区指的是智力发展的范围），不过在这里我想把这个概念推广到更大的范围。

对孩子来说，如果一件事的难度超出了他们的"最近发展区"，那他们拼命坚持可能是没有意义的。拿上面的例子来说，让小学生把理论物理类的论文看一百遍有什么意义呢？这样做的结果可能是，孩子依然看不懂论文，学识方面没有任何提升，反而可能因此产生对物理学的厌烦心理，对逼迫他阅读的人产生负面情绪。

在遇到困难或逆境时也是同样的道理。如果一件事已经完全超出了孩子的能力，孩子根本不可能通过自己的努力去完成，那及时放弃无疑是明智的选择。

接下来我们谈谈另一种情况，也就是孩子有可能取得成功时的放弃。

我相信大家都有过放弃的经历，有些放弃我们会在之后感到庆幸，觉得还好自己早就放弃了；有的放弃则可能会让我们感到后悔。

我偶尔会听到别人说"如果那时候我能坚持做某件事就好了""如果我当时不怎么怎么样，也许我就能怎么怎么样"，看起来他们似乎都在为自己当年的"放弃"后悔。可是，我一直认为，如果时光倒流，他们又回到当年的年纪，回到当年的处境，他们依然会做出同样的选择。

我们之所以会放弃一件事，一定是经过考虑的，是根据当下的各方面情况综合决定的。在考虑过后，觉得可以放弃才会放弃。既然如此，那么即使重新来一遍，我们也会做出同样的决定。

放弃也没什么大不了的，即使以后可能会后悔，但当下无法坚持自然有无法坚持的原因。

我们可以告诉孩子，如果经过深思熟虑，考虑了各种后果后，依然想要放弃，那就放弃吧，没有关系的。

当然了，在孩子决定放弃之前，我们家长也要先评估一下问题的难度以及孩子的能力，避免孩子养成轻易放弃的习惯。有时候，孩子可能是怕苦怕累，只要我们家长再鼓励一下，孩子再坚持一下，就有可能取得成功了。在这种时候放弃，无疑是很可惜的。还有的时候，孩子以为自己做不到，但实际上他们完全有能力去做，只是没有经验，对自己缺乏信心，那我们家长在此时不让孩子放弃，鼓励孩子去做，也能促进孩子的成长。

以上这些都是建立在家长自身经验的基础上的，所以我们家长也要不断学习，以免因为自己的错误判断给孩子造成不好的影响。

另外，我想我们需要专门谈谈孩子的学习，毕竟孩子要在学校度过十几年，甚至二十几年的时间。

学校的课程，尤其是语文、数学、英语等重点课程，不到万不得已，是绝对不能放弃的。中小学的课程不算难，取得中等及以上的成绩相对容易。如果孩子总是学不好，我们要尽量了解原因，并针对性地解决问题。如果问题一直都在，我们也不能怪孩子不配合，而应该反思，看看是不是有其他原因。

比如有的孩子总是写错别字，家长觉得是因为孩子粗心，便总是让孩子改掉粗心的坏习惯，但实际可能是因为孩子对许多字的写法不熟悉，应该让孩子多抄写几遍，扎扎实实地掌握好汉字的笔画才对。

对于学校的非重点课程，比如音乐、美术、体育等，如果我们家长有时间、有精力的话，也应该尽量引导孩子。如果孩子实在学不好，比如五音不全、四肢不协调，经济条件好的家长可以请专业老师进行一对一指导，手头不宽裕的家长可以多找一些网络课程研究，看看有没有可以借鉴的专业意见。

现在的孩子大都会上兴趣班，有些课程孩子能一直坚持下来，有些课程孩子上两节课就不想上了。如果是后一种情况，我们不要一上来就批评孩子，而应该尽量平和地跟孩子沟通，看看到底是什么原因。有时候可能是老师的教育方法不适合孩子，有时候可能是孩子一时半会儿没学会，产生了挫败感……不同的原因有不同的应对方法。如果只是因为孩子没兴趣了，不想学了，那我们可以想想办法，看怎么激起孩子的兴趣。如果孩子实在不想学，逼迫孩子可能也不会取得好的效果，放弃也不失为一种选择。

当然了，如果孩子放弃的次数太多，我们也要重视起来，及早和孩子商量解决办法，并认真执行。要知道，人的许多品质是相互关联的，如果每次遇到困难或者觉得无聊就放弃，那便很难真正学有所成，也很难成为一个逆情商高的人。

最后我还想说一说，与之前提到的明知完全无法取得成功因而放弃相对的是"知其不可而为之"。有些时候，有些事情，我们知道不能取得成功，但因为种种原因，我们还是会去做。

孩子如果年纪小，可能很难懂得这个道理，不过我们也可以跟孩子说一说有这类精神的人物的故事，让孩子明白理想和责任等与之相关的道理。

被拒绝也没什么了不起

我的好朋友阿青是个很优秀的女生，工作多年后，依然积极学习，努力提升自己的专业技能。后来，阿青和几个同事合伙创业。这当然是很好的事情，作为朋友，我真心为阿青感到高兴。不过阿青也有烦恼，她告诉我，她总怕被拒绝，所以跟合作方谈事情的时候，她总觉得没有底气，报价往往比较低。另外，她一般不跟实力太强的公司联系，觉得他们大概率会拒绝自己，但她的同事对跟大公司联系很积极。阿青一边觉得同事在浪费时间，一边又很羡慕他们的自信。

有阿青这种想法的人应该不在少数。我以前也跟阿青差不多，对自己没有信心，怕被人拒绝。我后来回想了一下，觉得我之所以会害怕被人拒绝，应该是因为之前被人拒绝后，总会反思自己，觉得是不是自己做错了，是不是不应该对别人提那种要求，是不是会让对方觉得我很讨厌或者觉得我不自量力……这样的次数多了，我便很难坦然应对别人的拒绝。另一方面，这也会造成我难以拒绝别人提出的要求，往往委屈自己，答应做本不愿意去做的事情。

我想，让孩子早点学会拒绝，同时也让孩子学会坦然面对被拒绝的情况，可以让孩子更好地应对生活中的琐事，也能在一定程度上提升孩子的逆情商，对孩子未来的成长会非常有利。

在如何处理被人拒绝这类情况方面，我的大学同学小马很值得我学习。

小马毕业后就从事销售工作，所以对于"被拒绝"，她有足够多的体会。她能很好地处理被拒绝的情况，否则她肯定没办法一直从事销售工作。

我向小马请教，怎么才能坦然面对被拒绝的情况。

小马说："被拒绝很正常啊。可能是因为我们的工作性质不一样吧，所以你没有太多被拒绝的经历。像我们，每天面对那么多客户，大部分客户都会拒绝我们。可能是被拒绝的次数太多了，所以我现在对这个没什么感觉。"

"那你刚开始工作的时候呢？那时候你应该还不太习惯被拒绝吧？"

小马想了想，说："工作的时候已经基本练出来了。我上大学的时候不是参加社团了吗？那时候社团活动，我们要去学校周边的小商铺拉赞助。学校附近的小店我基本全跑遍了，大部分老板都会拒绝我们，只有很少一部分会被我们说动。"

我想象了一下那个场景，说："我那时候就挺佩服你的。我感觉我根本没办法对那些店铺老板开口。要是好不容易鼓起勇气去了，还被老板拒绝，那我应该很难鼓起勇气去下一家。"

小马笑着说："其实也没那么难。真的需要你去做的时候，你也能做到。刚开始的时候，我也不好意思去，在人家店铺外面来来回回走了大半天。后来一咬牙，一跺脚，就进去了。进去以后，跟老板介绍情况的时候，我感觉我的脸都在发烫，声音也在发抖。那老板看我这样，忍不住笑了。我看她笑了，我也忍不住笑了。后来我就觉得，这些老板其实跟我认识的叔叔阿姨、哥哥姐姐差不多，没什么好怕的。去了几家店以后，我就比较熟悉流程了，也没那么紧张了。等把学校附近的店跑完，我基本就练出来了。"

"看来还是得多练练才行。"我说，"那你刚开始被拒绝的时候，会不会觉得心里不舒服？"

"会是肯定会的。不过我后来想想，被拒绝也很正常，毕竟是让人家往外掏钱。要是我，我也不可能来个人就同意给钱。"小马笑道，"那就慢慢想办法呗，调整沟通的话术，看怎么才能更好地说服对方，不让对方觉得烦。虽然大部分老板都拒绝了我，不过偶尔有老板同意赞助我们的时候，还是很有成就感的。"

"可以想象，拿到赞助的时候肯定特别高兴。"我说，"我比较缺少这方面的经验，别人一拒绝我，我就会在心里翻来覆去地想，特别影响我的心情。所以我一般不向别人提要求，偶尔要提，也会考虑'己所不欲，勿施于人'之类的，觉得对方大概率会同意才提。"

小马宽慰我说："这也不算什么不好的事情，说明你比较有同理心。"

我说："有时候也会造成一些不好的后果。之前我们要跟一个别人介绍的公司合作，我同事让我跟认识的人打听一下，看这家新公司怎么样。我有一个朋友，认识跟这家公司合作过的人，但我觉得，让朋友专门去打听，有点麻烦人家，就不好意思提。而且我跟这朋友不算特别熟，万一人家说不想去问，或者怎么样，我会很尴尬。反正最后我也没开这个口。过了几个月，这家公司该给我们结款了，但他们老板总是用各种理由拖，就是不给钱。我被这事搞得特别烦。后来我忍不住问我朋友，知不知道这家公司。我朋友跟我说了一堆这家公司的劣迹。要是我当初能早点问问朋友，我们肯定就不会跟这家公司合作了。唉，后悔也晚了。"

小马说："这倒确实是个问题。其实朋友之间，互相帮点小忙很正常，没必要想那么多。而且就算被拒绝了也没什么，可能对方也有自己的难处。再说了，被拒绝后你又不会少块肉，有什么了不起的？"

"理是这个理。可能还是经验少吧，多经历几次就好了。"我想起自己的来意，转而问道，"那你在教育孩子的时候，有没有特意培养他这方面的能力呢？我现在觉得让孩子早点学会应对被拒绝的情况挺重要的，不然以后长大了可能就跟我一样了。"

小马笑着说："我家小岳脸皮厚，好像对这个不是特别在意。也可能是现在年纪小吧，忘性大。每次去商场，小岳都让我给他买玩具。商场里的玩具多贵啊，再说了，他的玩具够多了，所以我总是拒绝他的要求。小岳好像没受什么影响，该玩就玩，下次去商场还会让我买。"

我问："那小岳跟别人相处的时候怎么样？比如有小朋友不想跟他玩，或者不想把好吃的、好玩的东西分给他，他会有什么反应？"

小马想了想，说："这种情况比较少，我记得之前在我们小区花园里有过一次。我们小区很多家长都会带孩子去小花园玩，大部分孩子是混个脸熟，也没有玩得多好。那回是有个小孩带了飞机模型去玩吧，小岳觉得新鲜，就跑过去凑热闹。后来他看得眼馋，也想玩，就让那小孩借给他玩玩。那小孩舍不得，就拒绝了小岳。小岳觉得心里不舒服，就说那小孩'真小气'。那小孩听了，可能有些生气，就跑到远一些的地方玩了。旁边别的小孩也跟着他跑了，就剩小岳一个人在原地。"

我有点心疼地说："那小岳心里肯定特别难受吧？"

小马点点头说："肯定会难受。那天是我婆婆带着小岳，她一直在跟旁边的老太太聊天，没看到事情的经过。后来她见小岳一个人蹲在地上，用石头画圈圈，就走过去问他，怎么一个人在这儿，不跟别的小朋友一起玩？小岳说：'我不想跟他们玩。'我婆婆问他怎么了，发生了什么事情。小岳说：'他们小气，我想玩飞机，都不肯给我玩。我不跟他们玩了！'我婆婆觉得小孩子嘛，遇到这种情况是难免的，没当回事儿，就说：'没事，咱家也有大飞机。你想玩哪个，我们回家拿。'小岳没吭声，玩了一会儿，就跟着我婆婆回家了。"

"后来呢？你是怎么知道这事儿的？"我问。

小马说："我婆婆回到家，见小岳看起来没平时开心，就从他的玩具箱里翻出了好几个飞机模型，让小岳自己玩。小岳平时可闹腾了，在家里上蹿下跳的，嘴里还一直叽叽喳喳不停说话，闹得简直让人头疼。可那天他的动静小了很多。我和我爱人都觉得有些奇怪，我就问我婆婆，小岳今天怎么了。我婆婆就把她知道的情况跟我们说了。"

"后来呢？你们怎么跟小岳沟通的？"

小马说："算是跟你之前说的'己所不欲，勿施于人'差不多吧。小岳之前也会霸着玩具不肯给别的小朋友玩，我就从这方面入手，让他试着理解那个不肯给他玩飞机的小朋友。小岳一直默默听着，我本来以为我的话挺有说服力的，结果反倒是被他上了一课。"小马说着，忍不住笑起来。

我一听，忙问："怎么了？发生了什么事情？"

小马笑着说："我叨叨了半天，见小岳一直不说话，就问他有什么想法，觉得我说得对不对。结果小岳想了想，说：'他不愿意分享，他就是小气。'我一听，觉得这孩子怎么就是说不听呢，又试着教育他：'你们又不熟，他不想给你玩很正常呀。而且那个飞机模型可能对他有不一样的意义，他就是不想给别人玩，这也没什么。你不是也有不想给别的小朋友玩的玩具吗？'小岳听了我这话，突然哭起来：'我不想给别人玩，你们也让我给了啊。我也给别人玩了。'他哭得哟，可伤心可委屈了。"小马顿了顿，有些难过地说，"我们一直教育小岳，让他学会分享，没想到他一直记着呢。"

　　我试着想象孩子当时的心情，也觉得有些难过："看来什么事情都要适度。"

　　"是啊。之前有别的小朋友想玩小岳的玩具，小岳不肯给的时候，我们大人碍于面子，难免会让小岳让着一点，有时候还会说他，让他'别那么小气'。没想到他都记着呢。"小马说，"我那天听到小岳那么说，一下子清醒过来。以后，小岳不想给别人玩玩具就不给吧，他有拒绝的权利。"

　　我点点头说："听了你说的，我也受到了启发。拒绝和被拒绝本来就是一体两面，我们想让孩子坦然面对被拒绝的情况，就应该尊重孩子拒绝别人的权利。这个'别人'也包括我们做父母的。"

　　"是啊，如果孩子觉得拒绝别人不对，那在面对别人的拒绝时，难免会多想。而且学会拒绝本身也很重要。"

　　我赞同地说："我有时候就是不会拒绝别人。像你刚才说的情况，要是别的小朋友想要我女儿的玩具，我就很难开口说'不'。要是小孩因为得不到玩具而哭了，那我就更没办法了。之前就有过一次这种情况，虽然对方家长说不要不要，还责怪孩子不能这样，可我最后还是硬着头皮给了。"

　　小马说："那你女儿有没有跟你生气？"

　　我有些不好意思地说："我没敢跟她说。送出去的第二天就又买了一个新的，混在她那堆玩具里面。她现在基本不玩那些玩具了，轻易发现不了。"

　　小马说："小心她以后发现了，跟你急。就算是买了新的，跟她原来那个也不一样。"

　　"我知道，所以我一直不敢告诉她。看看吧，之后找个机会跟她说。唉，要是当时我再硬气一点，能拒绝到底就好了。"

　　小马安慰我说："慢慢来吧，谁也不是一开始就会的。"

　　"对了，小岳后来怎么样？"我拉回正题，"后面他对这类事情是不是比较容易接受了？"

　　小马笑着说："还没机会验证呢。看看吧，以后肯定还会有类似的事情，慢慢教育他，让他逐渐接受就好了。"

　　我想，不知道怎么拒绝别人，觉得被别人拒绝很尴尬的成年人应该不止我一个。在养育孩子的过程中，我们不妨试着培养孩子应对拒绝的能力，也试着提高自己这方面的能力。

　　在和孩子相处的过程中，我们家长难免会拒绝孩子的一些要求，比如孩子想要新玩具、想买零食等。在拒绝孩子的时候，我们最好能考虑到孩子的性格，注意自己的语气。每个孩子的性格不一样，有些孩子觉得被拒绝了也无所谓，但有的孩子会觉得很受伤。

　　如果孩子是心思比较敏感的类型，平常很少提要求，那我们最好能认真听完孩子为什么要提出这样的要求，然后好好跟孩子解释，让孩子明白，我们拒绝他们的要求是因为一些客观原因，而不是舍不得给他们花钱或者不喜欢他们。

　　在孩子被其他人拒绝，心情不好的时候，我们要注意开导孩子，尽量不让"被拒绝"这件事影响到孩子的心情。

　　与此同时，我们也要注意让孩子学会拒绝。如果我们从来不给孩子拒绝的权利，孩子又怎么可能学会积极应对被拒绝的情况呢？当然了，如果孩子做得比较过分，比如"霸占"着其他小朋友的玩具，拒绝还给别人；比如拒绝写作业、做家务等，我们也不能惯着孩子。我们可以试着跟孩子讲道理，让孩子明白权利和义务的区别等。

　　如果孩子的拒绝是合理的，我们就应该尊重孩子，而不能因为自己的面子勉强孩子。比如有些家长见别人家的孩子想要自家孩子的玩具，为了面子，这些家长就不顾自己孩子的反对，把玩具送给别人的孩子。如果自家孩子不高兴，这些家长还会批评孩子，说孩子真小气。这类家长的做法我是很不赞成的。

当然了，我也知道，有时候别人家的孩子哭闹着想要玩具，自己在旁边不出声的话，确实很尴尬。我之前就是因为受不了那种尴尬，把我女儿的玩具给了别人。不过我现在想想，那种尴尬是一时的，当天过去了就过去了，但如果那玩具是自家孩子特别喜欢的，家长自作主张送人的话，对孩子的伤害、对亲子关系的影响可能是长期的。因为别人家的孩子而伤害自己的孩子，怎么看都不是正确的做法。

另外，我们也可以教孩子一些拒绝的方法。大多数情况下，如果我们想拒绝别人，只要诚实地说明原因就可以，不用想借口，更不用说谎。不过，在拒绝别人的时候，尤其是在拒绝关系比较亲近的人时，我们最好能让对方感觉到被尊重。我们可以用具体的例子提醒孩子，有些拒绝方式是不可取的，比如对方话还没说完就直接说"不行"，或者直接说"我不喜欢你，不想跟你玩"等。

虽然我们前面说拒绝别人时不用说谎，但有时候我们也要学会一些"语言的艺术"。如果我们的拒绝方式可能会伤害到别人，那我们可以尽量拒绝得委婉一些。不过，有时候太委婉了，对方可能会一直纠缠，所以在言辞委婉的同时，我们的态度最好能坚决一些。

孩子如果不懂得拒绝他人，或者对他人的拒绝耿耿于怀，那必然会被许多不重要的事情影响心情，甚至影响到孩子的学业、未来的工作等。在遭遇挫折或逆境的时候，如果被这类事情影响心境，那孩子可能会更难以应对，更难想出解决问题的方法。

想要培养孩子的逆情商，让孩子学会拒绝别人，并学会理性接受被拒绝的情况是很重要的。

每个人都有做不到的事情

我偶尔会跟孩子说："只要你肯努力，一定可以成功的。"有时也会鼓励孩子："你的未来有无数种可能，前途一片光明。"

我想，会对孩子说这类话的爸爸妈妈应该不少。

现如今，许多家长都开始有意识地赞美孩子。我经常听见做父母的说："宝贝，你是最棒的！爸爸妈妈真为你感到骄傲。"

在以前，做父母的经常打压孩子，很少夸奖孩子，如今的父母则会经常赞美孩子。这当然是件好事，只是偶尔我也会担心，孩子会不会因此产生压力？毕竟，从理性的角度来看，我们的孩子并不是真的那么棒。

孩子读低年级的时候，由于学习内容相对简单，加上考试题目难度不高，孩子考高分相对容易，我们夸孩子"真棒"也算与事实相符。等孩子渐渐长大，尤其到了高中以后，学习内容的难度增加，考试题目也有了一定难度，孩子的学业压力增大，很可能会"认清现实"，发现自己并不是那么棒。

相信读过中学的家长都有这样的体会：尽管我们已经很努力学习了，该做的练习题也做了，但考试的时候还是会做错很多题，甚至有些题根本不会做。

我们的孩子很可能也会遇到这样的情况。此时，如果我们当家长的还对孩子说一些套话，鼓励孩子努力，说孩子是"最棒的"，那孩子很可能会不信，在考试失利时也很可能会产生挫败感。

作为家长，我们有必要让孩子明白：每个人都有做不到的事情，有些事情努力之后还是做不到，那是很正常的，每个人都有这类短处，并不是我们不行或者不优秀才做不到。

　　小承最近很不开心，主要是因为学习的事情。

　　小承不算特别聪明的孩子，而且从小学习就不太认真，对各学科的知识都掌握得不太好。不过考试的时候，试卷上的题目都比较简单，所以小承的考试分数一直还算不错。

　　但从今年开始，爸爸妈妈开始为小承升学的事情操心，所以他们就开始对小承提高要求了。以前，小承写完作业还能出去玩玩，现在他得再看半小时书才行。

　　另外，小承的老师也开始抓同学们的学习情况，找小承的爸爸妈妈"告状"的次数越来越多。

　　每次老师一"告状"，爸爸妈妈觉得脸上挂不住，很没面子，就会教训小承，让小承向老师承认错误，保证以后不再犯。可"犯错"这种事情哪是小承自己能控制的呢？他也想写字写好看一点，做题的时候不犯"低级错误"，可他哪能控制得了呢？所以小承依然接二连三地犯错。

　　小承犯错的次数多了，爸爸妈妈就开始不耐烦，经常很凶地教训他，吓唬他说："你这样，怎么考得上好学校？考不上好学校，你以后怎么办？"

　　突然陷入这种境地，小承很苦恼，玩之前喜欢的游戏都提不起劲了。

　　偶尔有长辈见到小承，问小承学习怎么样，小承总是说："不怎么样，差得很。"

　　小承的爸爸妈妈见小承这样说，有时也觉得心疼，便又会找机会鼓励小承："只要你认真一点，努力学习，再把粗心、马虎的毛病改了，肯定能取得好成绩的。咱们又不是笨孩子，好好学肯定能学好的。"

可是，不知道怎么回事，小承始终没能取得好成绩。他的语文成绩一直不怎么样，数学成绩也一般，英语马马虎虎还算过得去，但成绩很不稳定。比如这次英语考试提高了十分，下次考试可能就降低了十五分。

小承觉得自己已经很认真、很努力了，学不好不能怪他。

小承的爸爸妈妈可不觉得小承努力了，他们认为，一定是小承不用心，上课的时候不认真听讲，写作业的时候也静不下心来，才没能取得好成绩的。

小承的妈妈有时忍不住向朋友诉苦，说真不知道拿孩子怎么办。朋友劝她："我看小承很乖呀，每次见面都很有礼貌，表现很得体。我记得你说他画画也不错吧？参加过好多比赛。你们也别太担心了，就算小承学习成绩不好，以后也可以做别的工作。比如我女儿的油画课老师，收费那么贵，还有一堆人排队报名。我估计她每个月赚的钱比我多了。你们小承要是特别喜欢画画，往这方面发展也是可以的。我觉得，孩子的学习成绩虽然很重要，但不是最重要的。我现在就是希望孩子能健健康康的——不但身体健康，心理也健康。这样的话，就算孩子学习成绩不好，以后掌握一门吃饭的手艺后，也能过得不错。如果因为学习成绩的事情，让孩子的心理产生问题，就有点得不偿失了。"

小承的妈妈说："道理我都知道，只是我们做父母的，总归还是希望孩子能好好学习。也可能是因为我自己以前学习不好吧，总觉得孩子学历高一些，选择就多一些，以后能少吃点苦。不过孩子怎么学习都学不好的话，也没办法。"

朋友想了想，说："小承现在还小，一切都说不准。可以先看看他到底是哪些内容没学好，然后对症下药。有时候方法比努力更重要。学习方法不对、效率低的话，孩子再怎么努力也很难取得好成绩的。如果不管怎么调整，小承的学习成绩都上不去，你们也别太着急上火了。往好的方面看，我们每个人都有做不到的事情，也有自己能做到，别人做不到的事情。只盯着孩子做不好的事情，肯定会给孩子造成压力，让孩子越来越焦虑，对自己越来越没自信。如果是这样，就算孩子的学习成绩上去了，心理也会产生一些问题。我宁愿孩子学习成绩差一点，但是每天开开心心的，也不希望孩子学习成绩好，但总是不开心，甚至性格出问题。"

小承的妈妈说："我也想过这个问题。唉，谁不想自己的孩子什么好处都占着，什么都是最好的呢？学习好、性格好、长相好，方方面面都好。可惜，这是不可能的。"

每个人都有做不到的事情，让孩子理解这一点，不但能让孩子更好地接纳自己，理性看待自己面对的困境，还能让孩子更好地理解他人的困境，更能设身处地地感知和理解他人的情绪和情感。这样的孩子情商更高，在人际交往方面更不容易出现以自我为中心、自负、自傲等现象，对孩子本身的性格发展也大有益处。

对我们家长来说，接受"每个人都有做不到的事情"这一事实，可以让我们更平和、更全面地接纳自己、接纳孩子，能让我们把注意力更多地放到孩子的优点上面，而不是为了孩子做不好的事情焦头烂额。当然了，关于孩子学习的事情，我们家长要把自己该做的事情都做了，不能一上来就接受孩子学习不好的情况，不做任何尝试。

天赋是我们无法决定的，但努力的程度可以

在成长的过程中，我们会逐渐发现自己的天赋，也会逐渐发现自己的不足。对孩子来说，发现并承认自己的不足可能是一件很有挫败感的事情。面对这种情况，我们应该让孩子明白，我们每个人都是有天赋的，只是我们每个人的天赋都不一样。比如有些人可能在音乐方面有天赋，有些人可能在语言文字方面有天赋，如果这两人非要跟有数学天赋的人比数学，那比不过的概率是很大的。

我们大部分人都是普通人，很少有谁是全能型选手。学校的课程，以及在生活、工作中需要运用到的技能是多方面的，我们不太可能在每个方面都有天赋。如果孩子在某些方面特别没有天赋，应该怎么办呢？是承认孩子不行，彻底放弃，还是鼓励孩子用努力弥补天赋的不足呢？

我想，答案是显而易见的。天赋是我们不能控制的，但努力的程度可以由我们控制。知道自己的不足，却不放弃，依然为之不懈努力，可以在一定程度上培养孩子的进取精神，提高孩子应对逆境的能力。

人与人相处时，难免会相互比较。我的两个表姐，阿香姐和阿艳姐也不例外。

上学的时候，阿香姐和阿艳姐会比学习成绩；工作以后，会比工资高低、公司福利；有了孩子以后，便免不了要比孩子。

如果阿香姐家的儿子小韦被老师表扬口齿伶俐，阿艳姐转身就会

给她女儿田田报一个演讲班；阿艳姐家的女儿田田被老师说有音乐天赋，阿香姐转头就给她儿子小韦报钢琴班。

有一阵，两个孩子都对画画有兴趣，所以一起上了素描班。后来小韦对画画失去了兴趣，想要放弃，阿香姐劝他继续学，但小韦就是不愿意，她气得打了小韦一顿，结果小韦的倔脾气上来了，死活都不去素描班了。

我们这些亲戚听说了，就劝阿香姐，说没必要这样强迫孩子，如果孩子真的不喜欢学，就不要学了。

阿香姐叹了一口气，说道："他是没那个天赋，不像阿艳家的那个，学什么都快，学得又好。"

听了她的话，我有点纳闷："这有什么好比的？小韦有小韦的长处，田田有田田的优点，他们两个要是什么都一样，那跟复制粘贴有什么区别？完全没有意义啊。"

阿香姐可能没想到这些，她怔了一下，叹了口气说："你不知道天赋对一个人有多重要，有天赋的小孩什么都能做好，没天赋的小孩怎么做都做不好。我和你阿艳姐都是没天赋的，所以学历都不高。田田可能是随了她爸爸——她爸爸可是大学生呢！——所以田田不论做什么都比小韦做得好。其实，我也不是为了小韦不愿意画画生气，我是想到了以后——小韦现在已经读小学，却哪方面都没天赋，以后可怎么办呢？"

听了阿香姐的话，我觉得阿香姐的教育理念有些问题，便劝道："孩子还小，而且每个人的天赋都不一样，你不要总拿自家孩子不足的地方跟别人家孩子的长处做比较。我觉得小韦情商很高，能说会道，特别会讨人喜欢，这可是很难得的优势。现在孩子还小，我觉得最重要的是锻炼孩子的专注力，并让孩子养成持之以恒的习惯。"

阿香姐叹了口气说："我也知道这个，所以他不想上素描班，我才这么生气啊。我就是不想让他这么轻易就放弃了。结果呢，打也打不听，现在还死活不去了。其实我也理解他。都说兴趣是最好的老师，可如果没天赋，即使有兴趣也坚持不下去啊。别人随便画几笔就画得那么好，你怎么画都不行，再有兴趣也会放弃了。"

阿香姐又把话题转回到"天赋"上面了。我想，如果不把这个问题厘清，她肯定是不会罢休了。

实际情况真的是这样吗？小韦在绘画方面的天赋真的比不上田田吗？

我仔细回想了一下，我之前去阿艳姐家做客，也遇到过田田嚷嚷着说不想学画画了、不想上演讲班了。毕竟，爱玩是小朋友的天性。面对这种状况时，阿艳姐是怎么处理的呢？

带着疑问，我向阿艳姐请教。阿艳姐说，她给田田讲了一个关于耐心和努力的小故事。我一听，忙请她告诉我是什么故事。

阿艳姐说："大致的内容是说，有一群小狐狸很羡慕别人有花园，便打算在各自的园子里种满鲜花。他们搜集了许多花种子，满怀期待地种在了园子里。在种子种下后的第三天，其中一只狐狸发现什么都没长出来就放弃了。

"剩下的狐狸继续等，时不时地喷水，保持土壤湿润。功夫不负有心人，在第五天，许多小花苗破土而出。随着花苗渐渐长大，许多杂草也长了起来。那些杂草很多，长得也比花苗快，小狐狸们必须天天除草，非常麻烦。

"除此之外，他们还要每天查看花苗的情况，看是否需要浇水、施肥，如果有病虫害，还要想办法解决。小狐狸们都是第一次种花，没有经验，一些娇弱的花苗还没长大就枯萎了，活下来的那些也迟迟没有开花的迹象，所以许多小狐狸都放弃了。放弃的狐狸多了，一些原本想坚持下去的小狐狸也动摇了。

"那些放弃的小狐狸劝他们说：'外面野生的小花也很漂亮，我们没必要自己种花。'大家一听，觉得很有道理，加上最近种花确实很累，便呼朋引伴地出去玩了。

"只有一只银色的小狐狸坚持到了最后。夏天到了，银色小狐狸的花园里开满了鲜花，漂亮极了。其他小狐狸过来围观，都说很羡慕小银狐，很后悔自己当初没有坚持，否则他们也会有漂亮的花园。"

听完阿艳姐讲的故事，我大概明白了为什么田田没有轻易放弃。和阿香姐不一样，阿艳姐并没有把田田想放弃的想法归咎于没有天赋，也没有想着打孩子，逼孩子继续学习，而是耐心地教导孩子做事情要有耐心、要勤奋。

我请阿艳姐把教育田田的经过讲给了阿香姐听。阿香姐听完，感叹道："确实，用讲故事的方法说给孩子听，肯定比打孩子、逼孩子效果好。我之前太冲动了，没掌握好方法。阿艳，我要多向你学习，你在这方面确实有一套。"

阿艳姐有些不好意思："我也是偶然在书上看到的。田田不算特别聪明，我和她爸爸只能想办法让她多努力、多坚持了。"

阿香姐说："你教育得真好，田田学习成绩多好啊，各种才艺也学得好，会唱歌、会弹琴、会画画，她要是一直这么坚持下去，以后肯定有大出息。我真后悔没早点跟你学。"

阿艳姐说："我也不指望她以后有什么大出息。我们做父母的，都希望孩子顺顺利利、快快乐乐，但人这一辈子，多少会遇到一些麻烦。现在孩子还小，遇到的都是小麻烦，我们还能在旁边教她怎么应对，等她以后长大了，就要自己面对了，我们也帮不上忙，所以只能现在让她养成好习惯。"

相对来说，如果孩子在某些方面没有天赋的话，就很难取得好成绩，难以形成正反馈，因此也就更容易放弃。此时，我们家长应该多鼓励孩子，引导孩子发现乐趣，让孩子更容易坚持。

当然了，这并不是说所有事情都要坚持。我们当大人的也常常做不到持之以恒，要求孩子把每件事情都坚持到最后未免有些强人所难。遇到孩子想要放弃的情况，我们应该学会判断哪种情况是可以放弃的，哪种情况应该鼓励孩子继续坚持。

我们不可能在每个方面都有天赋，有天赋的人也不一定就能在相关领域取得成就。有天赋而不知道努力的人，最终取得的成就很可能不如没有天赋却努力的人。

一般来说，随着孩子逐渐成长，学校的课程难度也在逐渐增加，需要孩子付出越来越多的努力才能取得好成绩。如果孩子没能及时调整自己的状态，很可能会跟不上课程进度，随之而来的后果就是孩子的考试成绩下滑。这样的情况多发生几次，孩子就会怀疑自己的能力，然后逐渐接受现实。我们家长也会慢慢接受现实，觉得自家孩子本来就是普通人，就是没有学习天赋，成绩差不多就得了。

实际情况真的是这样吗？古往今来，名留青史的文人中，有几个人是以天赋出众闻名的呢？又有几个人能不努力就写下伟大篇章呢？

李贺年幼时有神童之称，他没有浪费自己的天赋。相传，李贺每日骑驴出游，总是在驴背上挂一个锦囊，路上如果有所感悟，或者偶得佳句，便马上动笔写下，投入锦囊。等晚上回家吃完饭，李贺便取出囊中的纸片，整理好之后投入另一个书囊。李贺能写下许多独具特色的文学作品，留下"诗鬼"的名号，与这样的日积月累是分不开的。

"书圣"王羲之年幼时刻苦练字，每天练完字后到池塘边清洗砚台，后来池塘的水都变成了墨色；匡衡"凿壁偷光"，借着邻居家透过来的微光，努力读书，终成一大经学家……

如果仅仅把他们的成就归功于天赋，显然是不公平的。他们是靠着长年累月的勤奋努力才从亿万普通人中脱颖而出的。

　　我们应该告诉孩子，作为普通人的我们，即使天赋不出众，但只要肯努力，也是有可能取得成功的。在遭遇困难和逆境的时候，只要我们不轻言放弃，能竭尽全力，努力完成应该完成的工作，也是有可能获得最终的胜利的。

Part 4

改变认知，有些问题
不是"问题"

不优秀也没关系

我曾经在网上看到过这样一句话："把每一件简单的事做好就是不简单，把每一件平凡的事做好就是不平凡。"

让我们平心静气地想一想：你有没有要求过孩子，让孩子必须做一个优秀的人？你是不是也羡慕过别人，觉得他们家的孩子很优秀，自己家的孩子永远都比不上？你是不是也曾苦恼过，觉得自己的孩子什么都做不好，担心孩子会一事无成？

我想，有这类想法的家长不在少数，我自己有时也会这么想。其实，如果我们能静下心来认真想想，就会明白，这世界上有那么多人，不可能每一个人都优秀，大多数人都是普通人。可是，正因为我们这些普通人每天都在做着平凡又普通的事，这个世界才能正常运转。想一想，如果亿万个普通的我们全都罢工，我们生活的城市会变成什么样子，我们居住的小区会变成什么样子，我们需要的生活物资又从哪里来？从这个意义上来说，每一个平凡、普通的我们都是不可或缺的。那么，我们又何必苛求孩子呢？我们自己都不是很优秀的人才，凭什么去苛责孩子呢？

有的家长可能会说："就是因为我自己是普通人，所以我才希望我的孩子能变成优秀的人啊。凭什么我家的孩子就只能当普通人？我想让孩子变得优秀有什么错？"

想让孩子变得优秀当然不是错，但优秀不是"想"出来的，优秀也不是被逼出来。如果我们一味要求孩子要"优秀"，而不管方式方法，那很可能适得其反。在培养孩子逆情商的路上，这种简单粗暴的要求对孩子并没有多少益处，反而可能带给孩子不必要的压力，让他们排斥学习，甚至排斥父母，使亲子关系恶化。

我希望大家不要只盯着"优秀"的结果。一个孩子，不好逸恶劳，不拖拖拉拉，而是能努力学习，努力使自己成长，努力克服困难，那么即使他没有考取很高的分数，没有获得众人的称赞，我们依然能说这个孩子是优秀的。

　　苗苗是班级里最让班主任老师头疼的学生。怎么说呢，不是说苗苗是个差生，只是苗苗总是最后一个交作业，课堂测试时也要老师和课代表催了又催才能交上去。老师觉得苗苗的这种慢节奏是不太好的学习习惯，等她升入高年级，可能会给她的学习情况带来负面影响。

　　让班主任老师头疼的另一个原因是，苗苗容易挨欺负。比如小组值日的时候，有的同学会把不喜欢干的脏活累活扔给苗苗，自己只干轻松一些的活。

　　班主任之所以会知道这件事，是因为有一天下午，她偶然看到苗苗自己一个人拖着垃圾桶去倒垃圾。苗苗班里用的垃圾桶比较大，平常是要两个同学抬着去倒垃圾的。

　　班主任老师希望苗苗能改，希望她写作业能快一些，交答卷的时候不要磨蹭，挨欺负了能站起来反抗。

　　说到底，老师为苗苗"头疼"是因为关心苗苗，希望苗苗能变得更好。但让老师失望的是，苗苗似乎根本不在乎这些。

　　老师觉得，苗苗既不在乎学习效率，也不在乎别人欺负自己。

　　其实，苗苗并不是从一开始就对这些不在乎的。

　　苗苗刚入小学的时候，班主任在班级里举行了一次写字比赛。那次比赛的要求是看谁写得又快又好，也就是说，光写得好还不行，还要写得多。

一年级的小朋友都很崇拜老师，对老师布置的任务很上心，因此每个学生都铆足了劲儿，想要拿到前三名。要知道，前三名的同学不但会有小红花，还能拿到老师准备的小奖品。

对当时的苗苗来说，这是很大的诱惑，是她会拼尽全力去争取的奖励。

比赛时间十分钟，老师一开始计时，班里各处就响起了"唰唰唰"的写字声。

苗苗写字慢，十分钟过后，苗苗只写了四行，但写字快的学生已经写完了十多行。

老师把大家的作品收上去后，挨个翻看了一遍。翻看完之后，老师宣布了这次比赛的优胜者，给三位同学颁发了奖品，并让大家向他们学习。

同学们都给这三位同学鼓掌，觉得他们真厉害。

之后，老师说："这回比赛，写得最慢的同学只写了四行字。这样的写字速度太慢了，我希望写得慢的同学都能更努力一些，多向前面获奖的那几位同学学习。"

同学们嘻嘻哈哈地笑起来，有的还跟旁边的同学交头接耳："谁呀？才写了四行，写得真慢。"

苗苗坐在座位上，低头看着课本。虽然老师没有说出她的名字，但苗苗知道自己只写了四行，老师说的一定是她。

苗苗的爸爸妈妈一直教育苗苗要坚强，所以苗苗虽然心里很难受，但她一直忍着没有哭。

好不容易熬到下课，苗苗见老师离开教室，往办公室的方向走，便跟在了老师后面。

老师进办公室后，苗苗在外面站了一会儿才鼓起勇气进去跟老师说："老师，我想多写的，但是我写快了以后，就会写得不工整。"

班主任老师搞这个比赛，本意就是为了激励学生，希望学生写字时既可以写得快，又可以写得好。现在老师见苗苗专门过来找自己说明情况，便想着再鼓励鼓励苗苗，毕竟苗苗写字的速度太慢了，如果不加以提高，势必会对她以后的学习情况造成不良影响。

老师想了想，决定用班里写字写得又快又好的学生给苗苗当榜样。

老师拿苗苗的同桌小勇举例说："你看，小勇之前写字写得很快，但写得不好看，但是通过努力练习，小勇现在写得又快又好。苗苗跟小勇一样，都是一年级的小同学，既然小勇能通过努力练习，努力提高自己，那苗苗是不是也可以向小勇学习呢？老师相信，只要苗苗肯努力，也能像小勇一样，改掉之前不好的地方，变得很优秀。"

苗苗看着老师桌子上小勇写的字，默默地低下了头。

晚上回到家，苗苗的妈妈看苗苗一直闷闷不乐，就问苗苗是不是遇到什么不开心的事情了。

苗苗把写字比赛的事情跟妈妈说了，又把老师的话复述了一遍。

苗苗说完，抬头看着妈妈问道："妈妈，你也觉得我应该向小勇学习，努力变成他那样，写字又快又好吗？我也想写得又快又好的，但是不知道为什么，我总是写不快。"

苗苗的妈妈听完沉默了一会儿。她想了想，摸了摸苗苗的头，认真说道："我相信你会努力做得很好，但是苗苗，妈妈并不希望你像小勇一样。我们每个人擅长的事情不一样，没有必要什么都跟别人比。今天要跟小勇比写字又快又好，明天是不是要跟小强比心算又快又正确呢？后天是不是又要跟其他人比别的？我们不可能在每个方面都比别人厉害，很多事情也不是我们努力就能做到最好的。你写字稍微慢一点也没关系，没有必要因为这个感到难过，只要你在平时写作业的时候努力练习过，在比赛的时候尽到自己最大的努力了，那么不管你写得怎么样，在妈妈眼里，你都是最优秀的。我们每个人都是平凡的，都不可能做好所有的事情，只要能做到自己的最好，在妈妈眼里就是最优秀的！"

苗苗听了妈妈的话，本来黯淡的目光顿时亮了起来，她原本有些低落的心情也马上变得振奋起来。

在以后的日子里，苗苗无论是在平时的学习中，还是参加什么比赛，都会努力做到最好。她不跟其他人比，只跟自己比。她不在乎比赛的名次，也不在乎有多少同学做得比自己好，她只要知道自己在这次比赛中取得了进步，有所收获，就觉得自己很棒了。

随着年纪的增长，苗苗也知道了，不管你取得了多好的成绩，不管你写字有多快多好，世界那么大，总还有人比你的成绩更好，比你写字更快更好，你不可能比所有人都优秀。即使是那些世界冠军，暂时取得了第一名，但随着时间的流逝，永远会有更年轻、更优秀的人出现，打破你的纪录，成为新的第一名。

苗苗一直努力向优秀的人学习，努力提升自己，但是她并不会因为自己不是第一名而泄气或灰心。因为苗苗一直是这样做的，所以苗苗的内心很强大，不骄傲、不浮躁，不轻言放弃，也不觉得自己高人一等。

每次考试，不管考试题目是简单还是难，苗苗总是能静下心来，认真答题，发挥出自己真实的水平。有时候，考试题目比较简单，别的同学匆忙答完试卷，随便检查一下就提前交卷了，但苗苗从不会这样。她答题的时候认认真真，最后还会认真检查、验算，确保自己没有因为粗心、马虎，把本来会做的题做错了。

有时候别的同学都交完试卷了，只有苗苗还在不紧不慢地检查试卷，老师就会有点着急。平常做课堂测试的时候，等着收试卷的课代表总是在收完其他同学的试卷后，站在苗苗旁边，催她快点交。因为这些事情，在很多同学和老师心里，苗苗是个慢性子，做事总是拖拖拉拉的，干什么都比别人慢一点。

有一次，班主任老师找苗苗谈话："虽然认真是好事，不过效率也很重要。检查完没问题后，该交就交吧，再多检查几遍也查不出花儿来。要是给你十个小时，你是不是要检查十个小时？"

苗苗不为所动。她认真地对老师说："老师，我知道，我不是最优秀的学生，不管怎么检查，我的考试分数都不会是最高的，但我还是想要尽力，考出我自己最好的分数。如果给我十个小时，那我也许会检查十个小时，也许会提前交卷，我也不知道自己到时候会怎么做。不管怎么样，我在规定的时间里交卷就可以了，这应该不算什么错误吧？"

班主任老师想了想，说："是老师错了，不该因为这件事责怪你。不过，我想提醒你另一件事，就是有时候考试时间到了以后，老师让大家停笔，不要再写了，不管你有没有答完题，你都要放下笔。虽然在平常的考试里，就算你继续写，老师也不会把你怎么样，但是在重要的考试中，这种行为是被禁止的，严重的甚至可能被取消考试成绩。我希望你能养成好习惯，以免未来在重要考试中因为这类小细节造成严重后果。"

苗苗点点头说："我知道了，老师。"

班主任老师又安慰苗苗说："你也别太紧张，不要因为想着提高效率，想着赶时间而匆匆忙忙答题，把本来会的题目做错了。"

苗苗点了点头，说："老师，您放心吧，我不会的。"

班主任老师忍不住笑了。是呀，苗苗这样的"慢性子"怎么可能会匆匆忙忙答题呢？她一定还是会认认真真答题，一步一个脚印，踏踏实实地把自己会做的题做完的。班主任老师后来也没有再因为这类事责怪苗苗。她对苗苗多了几分了解，觉得苗苗保持这些习惯并不算坏事。

班主任老师想起苗苗之前做值日的时候被同学欺负的事情，便问苗苗："你跟同学们相处得怎么样？有没有同学欺负你？"

苗苗摇摇头说："同学们都挺好的。"

班主任老师以为苗苗是不敢告诉她，便放柔了声调，说："你别怕，要是有人欺负你，你就告诉老师。老师帮你讨回公道。"

苗苗忍不住笑了："谢谢老师。不过，真的没有同学欺负我。大家都是很好的同学。"

班主任老师想了想，觉得也许是自己误会了，也可能是苗苗自己把这事处理好了，便说："好吧，你这么说，那老师就放心了。不过，如果哪天有同学欺负你，你别害怕，也别自己忍着。你可以告诉爸爸妈妈或者告诉老师，让我们帮你解决。"

苗苗认真地点了点头，说："谢谢老师，我会的。"

苗苗并不是对老师撒谎，关于值日的事情，她确实不觉得那是同学在欺负自己。

苗苗一直觉得，只要是她能干好的事情，偶尔帮同学干干也无所谓。值日的工作量并不大，都是很简单的事情，多干一点、少干一点，苗苗都觉得无所谓。

苗苗的同学们也不是坏孩子，只是他们在家里干活少，有时候比较任性，想偷懒不干活。

苗苗想着，她自己一个人就能干完，同学不想干就不干吧，便主动说自己来就行。

同学见苗苗这样，往往也会不好意思，会请苗苗吃零食"弥补"，在之后值日的时候也会更主动一些。

苗苗的妈妈告诉苗苗，"吃亏"并不总是坏事，要看吃的是什么样的亏，为什么吃亏。有的人觉得被别人"欺负"，吃了亏，是自己胆子小，在某些方面不够优秀，别人才敢欺负自己的。可是，人生在世，不可能永远不吃一点亏。不如把眼光放长远一点，多想想好的方面，少想自己"吃亏"的事情。另外，有些事情远远谈不上"吃亏"，不要作茧自缚，陷在情绪的泥潭里，总觉得别人欠自己的。

妈妈说的话，苗苗一直谨记于心。

后来有一次，苗苗身体不舒服，同学见状，主动包揽下所有的工作，让苗苗好好休息。

班主任老师知道这件事以后，又找苗苗和其他同学了解事情的原委。班主任老师这才知道，同学们并不是故意欺负苗苗，他们也会帮苗苗的忙。苗苗也不总是"吃亏"，有时候也会拒绝帮同学值日，让同学想别的办法。了解到这些事情后，班主任老师对班上的同学、对苗苗都有了新的看法。

时光飞逝，苗苗很快就到了初三。因为本地中考压力大，大家都想考入重点高中，但重点高中的录取率很低，所以很多学生都觉得压力很大。

有些学生的父母担心孩子贪玩，不好好学习，一直跟孩子唠叨，让孩子努力学习，不然以后只能去不好的高中混日子，考不上大学，找不到心仪的工作。孩子想放松一下，看看课外书，或者看看电视剧，父母就会大声训斥，让孩子专注于学习，不要搞这些有的没的，不要浪费时间。

由于各方面的压力，有的孩子觉得压力很大，经常失眠，总是睡不好。早上起床后，又总是觉得头昏脑涨，没办法专注于学习，即使强迫自己学习，效率也很低。晚上临睡觉前，想起自己浪费了一天，又觉得很焦虑，翻来覆去睡不着……就这样形成了恶性循环。

苗苗的父母怕苗苗紧张，总是跟苗苗说："没关系的，考成什么样都可以。不管分数高还是分数低，不管考不考得上大学，你都是我们的孩子，我们都会为你骄傲的。比起成为一个优秀的孩子，我们更希望你成为一个快乐的孩子。"

苗苗有时候会问爸爸妈妈："那要是我学习成绩很差，考不上好大学，找不到好工作，你们也不着急吗？"

爸爸妈妈总是笑着说："考上好大学并不是唯一的出路。只要你有一技之长，能养活自己就可以了。"

苗苗的爸爸妈妈时常开导苗苗，但还是担心苗苗会给自己太大压力，因此他们总在暗地里观察苗苗的情况，并定期跟苗苗的老师沟通。

一次摸底考试过后，苗苗的妈妈给苗苗的班主任打电话，询问苗苗最近的情况，说她比较关心苗苗的心理状态，希望老师可以多留意一些。

苗苗的班主任笑着说道："苗苗妈妈，说实话，苗苗跟其他同学不一样，你跟其他同学的家长也不一样。"

苗苗的妈妈感到有些讶异，反问道："哪里不一样？"

"别的家长给我打电话，基本都是问孩子考得怎么样，在学校的表现怎么样，但是你好像并不是很关心苗苗的学习成绩，更多的是关心苗苗的心理状态。确实，有些孩子因为害怕考不上理想的高中，或者害怕自己考得不好，压力很大，状态很紧张。我甚至听说有同学因此失眠、神经衰弱，状态十分不好。不过，我从来没发现苗苗有这类情况。她的状态很稳定，学习成绩也有所进步，你们不用太为她担心。"

苗苗的妈妈笑着说："这我就放心了。我总怕苗苗受周围环境的影响，给自己不必要的压力。"

班主任老师说："嗯，有时候孩子确实会被周围的人影响。你们也可以问问苗苗，跟她聊一聊，看她是不是觉得有压力。苗苗的性格比较稳重，可能有压力也不太会表现出来。"

苗苗的妈妈觉得班主任老师说得有道理，所以当天晚上，她就跟苗苗沟通了一下，问了苗苗最近有什么感觉，有没有觉得压力很大之类的。

苗苗一脸诧异地看着妈妈，笑着反问道："妈妈，你为什么突然想起问这个了？"

"因为到了初三，很多学生都会觉得有压力。如果你也觉得有压力，可以跟妈妈谈一谈。"苗苗的妈妈认真说道。

苗苗感受到了妈妈的担心，抱住妈妈，把头伏在妈妈的肩膀上轻声说道："妈妈，你想得太多了。不过，你这么关心我，我觉得自己很幸福。"

苗苗的妈妈摸了摸女儿的头，温柔地问道："你没有压力吗？"

"我当然有一点，不过还没有到需要你担心的程度。我想，每个人面临人生中比较重要的转折时，多多少少都会感到一些压力。对现在的我来说，中考算是比较重要的事情。虽然你和爸爸总是说，考得不好也不要紧，不过，你们肯定还是希望我能考上比较好的高中吧？考得好肯定还是比考得差更能让你们感到高兴的。"

苗苗的妈妈说："你不要这么想。我不是一直跟你说，不优秀也没关系吗？我们只要做好自己就行了，不用跟别人比。"

苗苗笑着说："对呀，我就是跟自己比的。我又没有一定要考上重点高中，也没有说一定要考第一名。在我力所能及的范围内，我想努力做到最好。我觉得我的最好肯定不是连高中都考不上，你觉得呢，妈妈？"

苗苗的妈妈一怔。她没想到苗苗有这样的想法。不过，她见苗苗并没有因此感到太大压力，所以也没有太为她担心。她笑着拍了拍苗苗的胳膊，说："你说得也有道理。看来我女儿真是长大了，有自己的想法了。"

有太多的家长和老师要求孩子们必须要优秀，他们经常以过来人的身份告诉孩子："如果你不优秀，以后就会是被淘汰的那一个。"

他们似乎不知道，不是每个孩子都是优秀的，即使是最优秀的孩子，也不可能每个方面都做到优秀。

难道不优秀就不可以吗？孩子们的一生，终究得孩子们自己决定和负责。我能理解父母和老师逼孩子成为优秀的人，因为他们都想要孩子以后过更好的人生，但事实上，确实不是所有孩子都可以做到优秀。其实，只要孩子能成为一个勤恳、善良的人，能每天都比前一天进步一点点，那他们就值得我们为他们喝彩，为他们感到骄傲。

我认为，与其逼迫孩子优秀，不如让他们健康快乐地成长。我们不是要阻止孩子变得优秀，而是要在孩子受挫的时候，鼓励孩子站起来；在孩子对自己失去信心的时候告诉他们，不优秀也没关系，我们只跟自己比较。

被老师、家长批评也没什么大不了

莎士比亚在戏剧《一报还一报》中说过："最好的好人，都是犯过错误的过来人；一个人往往因为有一点小小的缺点，将来会变得更好。"

从牙牙学语，到长大成人，孩子被批评的次数简直数不清。

孩子如果不小心砸坏家里的碗盘、拆坏家里的东西，父母大都会批评孩子，有时还会惩罚孩子；孩子如果在学校里跟别的小朋友闹矛盾，老师往往会批评教育一番，有的老师还会告诉家长，让家长回家后继续教育；在上学的时候，大多数孩子都会犯懒，偶尔会不想写作业，又不敢不写，所以写作业的时候就不认真，只想着赶紧写完，好早点去玩，结果许多简单的题目都做错了，家长、老师就忍不住批评孩子，让孩子反思自己的做法到底对不对……

在这些例子中，家长和老师的批评当然不是毫无道理的，大多数情况下，是家长和老师为了教育孩子，希望孩子成为更好的人才会批评孩子的。不过，在被批评的时候，孩子可能并不能真正理解家长和老师的良苦用心，有的孩子甚至还会觉得父母和老师不理解自己、不喜欢自己。

有些孩子把家长的批评看得很严重，加上孩子对人对事的看法很不成熟，想不通家长为什么会教训自己，又不敢"反抗"，就把委屈压在心里，自怜自艾；有的孩子被教育后对家长和老师很不满，就会用比较任性的方式跟家长和老师对着干，或者离家出走、旷课，希望能用这种方式"惩罚"父母和老师，让他们后悔。

因此，我们有必要让孩子明白，被老师、家长批评也没什么大不了。

　　赫赫是家里的宝贝疙瘩。赫赫生下来后身体不好，在医院住了一个来月才出院回家，所以家里的长辈都很心疼赫赫，几乎可以说是捧在手里怕摔了，含在嘴里怕化了，不知道怎么疼爱他才好了。

　　最疼赫赫的当然是赫赫的爷爷奶奶、外公外婆，还有爸爸妈妈。六个人围着赫赫一个人转，只要是赫赫想要的，大家都想尽办法满足他。

　　如今是一个电子产品普及率非常高的时代，赫赫家里人手一部手机，还有好几台笔记本电脑、平板电脑。赫赫不会说话的时候就坐在家人的怀里看电子屏幕了。那时候的赫赫还看不懂屏幕上的内容，只是觉得颜色鲜艳，看起来很有趣。

　　随着赫赫逐渐长大，他无师自通，开始学会自己在电子产品的屏幕上戳戳点点了。有时候他会点出一些动画片或者游戏，看起来非常好玩，所以他很喜欢玩这些电子产品。

　　赫赫的爸爸妈妈有时会在家里工作。他们的工作大多需要在电脑上完成，因此会长时间对着电脑操作。每当这时候，赫赫就会缠着爸爸妈妈，要求坐在爸爸妈妈的腿上看他们工作。这当然会打扰到爸爸妈妈，影响他们工作的效率，但是爸爸妈妈也不忍心批评赫赫，因为他们认为，这是赫赫喜欢、依赖他们的表现，是他在表达自己对父母的爱。有时候，爸爸妈妈需要开视频会议，不方便让赫赫在旁边，便想让赫赫暂时离开，赫赫不愿意，就会大哭起来。爸爸妈妈感到很头疼，可是赫赫还小，就算教育、批评他，他也记不住，下一次还是会这样。

　　这可怎么办好呢？赫赫的爸爸想到一个好主意——他把家里的旧电脑翻了出来，让赫赫坐在桌子对面，跟他当"同事"，和他一起

"工作"。

赫赫对着屏幕上什么都没显示的电脑肯定是坐不住的，所以赫赫的爸爸又找了一些好看的卡通图片、视频放给赫赫看。赫赫对这些图片、视频很感兴趣，经常看得哈哈大笑，还会跟爸爸妈妈介绍自己看到的内容。小孩子的想象力很丰富，赫赫的描述也充满了童趣，赫赫的爸爸妈妈觉得，这样偶尔让孩子看看电脑也挺好的。而且，赫赫自己对着电脑的时候很乖，他们可以安心工作，不用分心照看他了。

赫赫的爸爸妈妈偶尔会听到别人说，小孩子过早接触电子产品不好，会影响他们的注意力，还容易导致近视、散光等问题。

可是，赫赫的爸爸妈妈认为，如今的孩子哪有不接触电子产品的？越不让他们接触，他们越容易产生好奇心，越想偷偷摸摸地玩，倒不如干脆就让他们玩。

至于电子产品对注意力的影响，赫赫的爸爸觉得，赫赫看电脑的时候注意力挺集中的，遇到感兴趣的内容可以一直看下去，比看儿童绘本的时候专注多了。

电子产品对视力的影响倒确实值得注意。赫赫的爸爸查了一些资料，决定给赫赫买一台新电脑。新电脑的屏幕质量是顶尖的，能最大限度减轻电子屏幕对视力的损害。赫赫的爸爸又调整了家里灯光的布局，避免因为光线太暗或太亮对赫赫的视力产生负面影响。接着，赫赫的爸爸从控制赫赫每天玩的时间入手，让赫赫每看十分钟电脑就起来活动活动，让眼睛休息一会儿。

不知道是因为幸运还是因为赫赫爸爸的做法有效，赫赫的视力一直不错，没有近视。这样一来，赫赫的爸爸就更坚信自己的做法是正确的了。每当别的家长说小孩子总玩手机、平板电脑，结果小小年纪就戴上了眼镜，赫赫的爸爸就会笑着建议说："可以让孩子玩电脑，看电脑比看手机好。"别的家长以为他是在开玩笑。赫赫的爸爸见大家不信，便向大家介绍了自己的做法。其他家长听完赫赫爸爸的解释，知道他专门花大价钱给孩子买了新电脑，都说他太宠着孩子了。

赫赫的爸爸坦然承认，他确实是很宠赫赫。可是赫赫是他的孩子，他不宠谁宠？再说了，他也没宠坏赫赫呀。

怀着这样的心情，赫赫的爸爸对赫赫的宠爱拓展到了更广泛的范围。

在赫赫的爸爸眼里，赫赫犯的小错都不是错。比如赫赫不小心摔坏了碗，赫赫的奶奶让赫赫小心一点，赫赫的爸爸会护着赫赫说："他又不是故意摔的。发生这种事情，他也不愿意，没必要说他。"赫赫的奶奶一想，觉得也是，就向赫赫道歉，说自己不该批评他。

就这样，每当家里人想批评赫赫的时候，赫赫的爸爸总会替赫赫辩解，让大家不要批评他，最多说几句，让他明白道理就行了。赫赫的爸爸总是很有道理的样子，加上大家也是真的很疼爱赫赫，觉得赫赫还小，根本无所谓是非对错，便笑呵呵地摸摸赫赫的头，并不曾真的批评过赫赫。

赫赫就这样顺风顺水地长到了上小学的年纪。小学的老师比幼儿园的老师严厉多了。赫赫上幼儿园的时候，即使在上课的时候动来动去，甚至跟同学小打小闹，老师也不会说什么；偶尔闹得实在太过分了，老师才会笑眯眯地把赫赫带回座位上，哄他乖乖坐好。上了小学就不一样了，小学老师对纪律要求比较严格，赫赫再像之前一样动来动去，就会被老师批评。跟赫赫一起挨批评的同学很多，加上老师的语气不是特别严厉，所以赫赫虽然有点怕老师，但是错误一点也没少犯。

此外，赫赫看到别的同学有好看的文具，就会拿走不还给同学；写作业的时候，如果写不完，赫赫就会发脾气；别的同学跟他吵架了，不想理他了，赫赫就会变本加厉地大闹。

赫赫的班主任老师跟赫赫的爸爸联系，希望他能管一下赫赫，帮赫赫改掉这些小毛病。

赫赫的爸爸却不认为这是赫赫的问题。他说："孩子这么小，刚从幼儿园升到小学，突然要他不许这样、不许那样，他适应不了很正常，慢慢来就好了，不要太着急嘛。小孩子看到喜欢的东西，肯定都会想要。我给他另外买了新的，他就把原来的还给同学了，这不算什么大问题吧？写作业写不完就发脾气，说明赫赫有进取心，知道要写完作业。如果写不完作业还完全不当一回事儿，那才要担心呢，您说是不是？跟别的同学吵架后大闹，是他想要引起其他人的注意，想尽快跟同学和好。虽然方法不一定对，但他没什么坏心眼，也没欺负别人。而且啊，我觉得这比冷暴力强多了，至少还有沟通的余地。"

赫赫的班主任气笑了："照您这么说，赫赫一点问题都没有？"

赫赫的爸爸说："赫赫有的地方是做得不太好，但都不算什么大问题。我们家比较民主，跟赫赫沟通的时候比较平等，不太会居高临下地指责啊、批评啊，更不会打他、骂他。孩子的成长是有过程的，不可能说让他干什么，他就马上去干什么；说不让他干什么，他就再也不干了。这根本不现实，孩子又不是机器人。如果真是那样，就太可怕了，您说是不是？有问题，我们想办法解决问题就好了，不要把问题看得太严重，也不要把有问题的孩子看得多不可救药。谁小时候没犯过错误呢？我小时候可比赫赫淘气多了，现在不也慢慢长大、懂事了吗？随着时间流逝，赫赫也会懂事的，老师您别太担心了。"

赫赫的老师说不过赫赫的爸爸，也没什么好办法教育赫赫，只得"眼不见为净"，只在赫赫闹得太过分的时候管管他。

时间一天天过去了，别的同学都慢慢懂事了，上课的时候知道好好坐正、不说悄悄话，更不打打闹闹，只有赫赫依然像之前一样调皮。老师见赫赫依然跟之前一样，毫无进步，有点"恨铁不成钢"。有几次，赫赫故意在上课的时候招惹别的同学，老师就很严厉地批评了赫赫，还让他去教室后面罚站。

赫赫什么时候受过这个？最关键的是，之前是好几个同学一起挨批评，这回只有赫赫一个人被老师批评。没人跟赫赫做伴，老师看起来还特别凶，赫赫心里的委屈简直快化成汪洋大海了。最终，"海水"从赫赫的眼眶里流了出来，滔滔不绝，源源不断。

老师见赫赫哭得这么伤心，有些不忍，加上还要继续给别的同学上课，就把赫赫带到教师办公室，让他在那儿平复情绪。

赫赫的老师给了赫赫一包纸巾，哄了他几句，就又回教室上课了。办公室里还有几个暂时没课的老师，但他们都有工作要忙，没时间哄赫赫。

赫赫也没受过这个。在家里，赫赫一哭，全家人都会围着他转，想尽办法哄他开心，根本不会有人不理他。

赫赫哭了一阵，觉得没劲，就去学校的小操场玩了。

赫赫玩了没多大一会儿，听到下课铃声响起，知道该准备放学回家了。赫赫酝酿着情绪，回教室拿了书包，慢腾腾地往校门口走。

隔着老远，赫赫就看到了爷爷。见到亲人，赫赫再也憋不住了，大哭着跑向爷爷。

爷爷见赫赫哭得这么伤心，心疼得简直不知道怎么办才好。他紧走几步，抱住赫赫，问他怎么了，为什么哭得这么伤心。

赫赫的老师在旁边看到了，觉得有必要解释几句，就走上前去，跟赫赫的爷爷说明了情况。

赫赫的爷爷是个通情达理的人，对老师表示了理解和感谢，顺带批评了赫赫几句，就带赫赫回家了。

赫赫没想到爷爷会批评自己，觉得很生气，一路上都没理爷爷。

回到家后，赫赫见到奶奶和外公外婆，忍不住哇哇大哭。

长辈们吓坏了，忙问他怎么了，为什么哭得这么伤心。

赫赫的爷爷解释一番后，大家表示虽然理解老师，但是老师对赫赫未免太严厉了。赫赫还小，又没犯什么大错，怎么能对他这么凶呢？看把孩子吓得，哭了这么大半天了，再哭，眼睛都要哭坏了。

赫赫听到大人都站在自己这边，哭得更凶了。他一边哭一边喊："我不喜欢老师，不喜欢学校，不喜欢同学。我不想上学了！"

大家听赫赫这么说，又开始劝赫赫，说老师也不是针对他，以后乖一点，上课不要捣乱就好了。又说同学们也很好，大家都是好孩子，好好相处就可以了。

赫赫不听，家人越劝，他闹得越厉害，言辞也越来越激烈，后来甚至开始说："我讨厌老师，讨厌学校，讨厌同学！我死都不去学校了！"

这可把赫赫的家人愁坏了。他们已经习惯了凡事哄着赫赫，赫赫也习惯了当"小霸王"。家人稍微严厉一点，他就能哭得死去活来，最后大家只好妥协，全都依着他。

最后，赫赫的家人决定给赫赫转学。他们哄赫赫说："你不喜欢这个学校，那就换一个新学校好啦。新学校里有新老师、新同学，大家都是很好的人，跟原来学校里的完全不一样。"

赫赫虽然还是不愿意，不过在家人答应给他买十个新玩具以后，他还是勉强答应去新学校了。

送赫赫去了新学校后，赫赫的家人痛定思痛，决定改变对赫赫的教育方法。赫赫的爷爷批评了赫赫的爸爸，说他总是标新立异，自以为有道理，结果把赫赫惯成了这样，被老师批评一顿就闹着要转学。

赫赫的爸爸也不甘示弱，反过来怪他们没有主见，也没少惯着孩子，大家半斤八两，都有错，谁也别说谁。

赫赫的奶奶说："你看你，这么大人了，你爸批评你几句有什么大不了？他也是一番好意。有则改之，无则加勉嘛。"

赫赫的爸爸说："您说得都对，不过我这也是跟我爸学的。不然怎么我批评我爸几句，他就受不了了？"

大家争吵了一番，冷静过后，开始想解决办法。

他们想，学校的老师要对那么多学生负责，肯定不可能像他们一样，总是对赫赫柔声细语的。赫赫有些爱打爱闹的小问题，老师说了几次，赫赫还不改的话，老师难免会加重语气批评赫赫。赫赫没受过这些，难免就把老师的批评看得比较重，以为老师不喜欢自己甚至讨厌自己了，以为自己再也不是好孩子了，就想着逃避。如果想要避免这类问题，就有必要让赫赫明白，被老师批评也没什么大不了。

另外，赫赫的家人还想到，在日常生活中，他们也要在赫赫犯错的时候批评他，让他早些习惯，不然他可能会以为大家都应该像家里人那样对他。

跟别的孩子一样，赫赫还有很多不好的习惯。之前，赫赫的家人总觉得孩子还小，以后慢慢改也来得及，现在他们发现，如果他们不及时教育赫赫，也许赫赫永远不会改。

让赫赫习惯被批评，知道被批评也没什么大不了的，这是赫赫的家人想到的教育赫赫的方法之一。

赫赫去新学校上学后，赫赫的爷爷奶奶每天接送赫赫上下学时都会跟老师聊聊，了解赫赫在学校的表现。

刚开始，赫赫还是跟之前一样，上课的时候总想着跟同学说话，想跟同学闹着玩。由于赫赫的爸爸妈妈再三拜托老师，请老师对赫赫耐心一些，加上新学校的老师本来也是比较有耐心的老师，所以老师只是提醒赫赫注意，并没有批评赫赫。

赫赫觉得新学校的老师比之前的老师好多了，也不排斥上学了。

赫赫的家人便开始找机会，给赫赫讲道理，告诉赫赫，喜欢跟同学交流是好事，但要学会分时间、分场合，在对的时间、对的场合做对的事情。上课的时候要认真听老师讲课，如果想跟同学玩，就等下课和放学后，痛痛快快地玩。

在家人和老师日复一日地教育下，赫赫慢慢学会控制自己，不在上课的时候开小差了。有时候忍不住，犯了错，老师和家长批评他，他也能接受，不会再哇哇大哭，更不会说不想去学校了。

现在的很多家长，可能是因为他们自己小时候遇到的老师比较严厉，对老师的批评和惩罚比较反感，甚至有了心理阴影，所以不太喜欢老师批评孩子。而他们的父母当年在教育他们的时候可能太过严厉，所以他们也不想成为对孩子太严厉的父母，不想让孩子在严厉的批评中长大。

此外，现在还有很多人呼吁，要尊重孩子的个性，不要抹杀孩子的天性；在消灭孩子的个性时，也在消灭他们的天分。他们认为，我们传统的教育太过死板，只会把孩子培养成一模一样的机器人，而不是独具个性、有创造力的人才。

他们的呼吁当然是有一定道理的。可是大部分家长都把握不好尊重孩子的个性与抹杀孩子的天性之间的界限。

孩子淘气、喜欢打打闹闹，在公共场合大喊大叫，有的家长也觉得完全没问题；孩子在学校不守规矩，老师批评教育了几句，有的家长觉得老师小题大做；孩子没礼貌，甚至对家人拳打脚踢，有的家长一笑而过，觉得孩子在闹着玩……

这些家长对孩子极其纵容，对孩子的错误常常视而不见，把孩子养成"熊孩子"还觉得孩子聪明、活泼好动。有时孩子做得过分了，他们批评孩子几句，孩子大吵大闹，他们还会反思是不是自己做错了，想办法弥补。

对这些孩子来说，老师和家长的批评也没什么大不了，反正天大地大，都没自己的脾气大。

　　在对这类孩子进行批评教育的时候，我们有必要让孩子重视家长和老师的批评，而不是把批评当作随口说说的闲话。

　　让孩子正确看待家长和老师的批评，是培养孩子逆情商的重要环节，也是教育孩子，让孩子学会做人做事的必要过程。

内向也没什么不好

你身边有没有这样的孩子？在一群人聚会的时候，总是喜欢一个人坐在一边，显得很冷漠，或者不合群；比起跟朋友出去玩，更喜欢一个人待在家里；如果一定要参加集体活动，会很紧张、很害怕，想尽办法推脱；如果要在众人面前发言，会紧张得心跳加快、声音发抖……

这些孩子通常会被贴上一些不恰当的标签，比如内向、傲慢、孤僻、冷漠、胆小……

事实上，这些孩子可能只是性格较为内向，比较喜欢独处，而不是傲慢或孤僻等。

内向和外向一样，都是一种性格偏向，并没有孰优孰劣之说。可惜，很多家长都觉得内向不好，都希望孩子外向、活泼一些。还有很多家长觉得，内向的孩子就是胆子小，不敢跟别人说话。

大部分家长都喜欢外向的孩子，如果自己家的孩子比较内向，就会有点烦恼，觉得孩子这样以后不会有出息，会在人际交往上吃很多亏。其实，孩子是否优秀，跟孩子的性格是内向或外向并没有绝对关系。

万万是个内向的孩子，从小就喜欢自己一个人玩，不太喜欢跟其他人交流。

万万学说话比较晚，在一岁半之前，只会用十分简单的词汇表达自己的意愿。当别的小孩子会说"喝水水""吃饭饭""睡觉觉"之类的可以比较清晰地表达自己意愿的词汇时，万万只会用"爸爸""妈妈"代替。

因为万万平时太安静了，很少哭闹，很少说话，而且只要给他一个玩具，他就能一直玩，不像别的小孩玩一会儿就厌烦了，所以万万的妈妈有点担心，怕万万有自闭症或智力方面的问题。

万万的妈妈带万万去医院做了全方位的检查。拿到检查报告后，医生说万万很健康，没有问题。

万万的妈妈不放心，把万万的"症状"跟医生描述了一遍，请医生再确认一下。

医生告诉万万妈妈，孩子之间会有个体差异，有的孩子学会说话比较晚，平时比较安静，这并不代表他们不健康或者有问题。医生说他还见过有的孩子三四岁之前都不爱说话，某一天突然想要表达自己，每天说个不停。在一定范围内，学会说话早一点或晚一点，说话多或者少，都是正常的，不用太担心。

听了医生的话，万万的妈妈放心了。不过，作为母亲，她还是不敢大意，也不敢完全让万万"自由生长"。

由于担心万万总是自己在家里玩，以后会不合群，性格变得孤僻，所以万万妈妈每天都会带万万出门跟别的小朋友一起玩。

万万家所在的小区里有不少跟万万同龄的小朋友，大家基本天天见面，即使不知道名字也看着面熟，不会觉得陌生。每次万万妈妈带万万出去玩的时候，万万总是依偎着妈妈，不会主动去找别的小朋友玩。

万万妈妈觉得万万是胆子小，害怕跟不熟悉的人交流，就总是鼓励万万："别怕，胆子大一点，想玩什么就去玩。"

听了妈妈的话，万万有时候会去其他小朋友旁边，看别人在玩什么，大部分时候是去角落里自己玩自己的。偶尔有小朋友主动跟万万一起玩，也不会玩太长时间，因为万万不管玩什么都可以玩很久，有时候看地上的蚂蚁都能看个把小时，别的小朋友往往会被其他游戏或玩具吸引走，不会像万万那样"长情"。

万万妈妈通常坐在不远处，一边跟别的家长聊天，一边注意着万万的动静。

在万万妈妈看来，万万跟别的小朋友很不一样。她留心观察了一下，别的小孩都不像万万，万万实在是有点特别，所以尽管医生说万万没问题，她还是会忍不住担心。

这天，万万妈妈见万万又一个人在角落里玩石头，忍不住跟旁边的人说："我家万万不知道怎么回事，老是一个人玩。我真有点担心他。"

旁边的家长安慰万万妈妈说："兴许孩子是有点内向，或者胆子比较小。我女儿以前也是有点胆小，不过现在大一点了，就比较活泼了。你看！"

万万妈妈顺着这位家长指的方向看过去，一眼就看到一个满脸笑容的小姑娘。那小姑娘正拉着一个小女孩的手，不知道在跟她说什么，隔着老远都能听到她们的笑声。

万万妈妈看了看那个活泼爱笑的小姑娘，又看了看自己沉默寡言的儿子，又是羡慕，又是担心。她想，没准让万万多跟活泼好动的孩子玩，可以让万万被他们影响，从而改变他的性格。

万万的妈妈说到做到，当即就在人群中物色好了几个特别活泼好动的孩子。

之后，每次带万万出去的时候，万万妈妈都会有意无意地带万万到那几个特别活泼的孩子旁边，并鼓励万万加入他们，跟他们一起玩。

不过，可能是因为性格不一样，喜好也不一样，万万跟那几个孩子玩得并不好。

有一次，万万妈妈又想带万万出去的时候，万万直接拒绝了："不去。"

万万妈妈怔住了。她顿了顿，走到万万身边，柔声问万万："为什么不想去呀？一个人在家里玩多无聊啊。"

万万不吭声。

万万妈妈又劝了万万一会儿，但万万不为所动，就是不去。

万万妈妈跟亲近的朋友聊了聊这件事，又找医生咨询了一下，最后决定放松一些，不再刻意让万万跟谁玩。

万万妈妈跟万万说了自己的决定。她不知道万万能不能听懂，不过她还是向万万解释了自己之前的言行，并说自己错了，希望万万能原谅她。

万万一直坐在地毯上玩积木，并没有回应妈妈。不过，在妈妈问万万愿不愿意跟她去楼下玩的时候，万万站起来，点了点头。

后来，不知道从哪天起，万万说的话变多了，有时候会一大段一大段地说。他还是很内向，经常一个人玩，不过见他没有别的问题，万万妈妈一直提着的心多少放松了一些。

万万上学之后，万万妈妈每次去学校开家长会，老师都会夸奖万万，说万万平时很乖，学习很认真。有一次，班主任老师说万万很有画画的天分，画的内容很有想象力，画面构图、配色等也好看。

万万妈妈听了很高兴，想送万万去学画画。她问万万的意见，万万表示可以。万万从此多了一项爱好，而且似乎比以前更安静了，经常连着画好几个小时的画，一句话都不说。

万万读初中时，班主任老师觉得万万踏实稳重，就是过于内向。他留心观察了一下，见万万很少主动跟同学交流，学校组织活动，或者班集体有什么活动的时候，万万的参与度都不高。

班主任老师有点担心，万万这么内向，他在人际交往方面可能会有问题。从长远看，这也不利于他以后的发展。

因此，当万万的妈妈跟班主任老师联系，询问万万最近在学校的表现时，班主任老师向妈妈表达了自己的担忧。

万万妈妈对班主任老师表达了感谢，谢谢他这么关心万万。同时，她也表达了自己的无可奈何："万万这孩子，从小就这样。我之前也想过让他改，让他多跟别的活泼好动的小朋友学学，但是他对此很排斥。后来我看他没别的问题，各方面的能力也没有大的缺陷，就想着随他去吧。如果他觉得现在这样的状态比较舒服、自在，那就先让他保持这样的状态吧。他也到青春期了，要是现在逼着他改，说他这有问题，那有问题，我怕反而激起他的逆反心理，让他产生心理问题。如果是这样，那就得不偿失了。"

班主任老师表示理解，说："确实，每个人的性格都不一样。万万就是内向了一些，认真说起来，这算不上什么问题。他也不是孤僻的孩子，别的同学遇到不会的题目，问他的时候，他也会耐心解答。是我看问题太片面了，总觉得孩子外向一点比较好。"

万万妈妈跟班主任老师又聊了几句，再次表达了对老师的感谢。跟老师聊完后，挂了电话，万万妈妈十分惆怅地叹了一口气。

万万的爸爸一直在旁边听着妻子和老师的对话，见妻子叹气，就问她怎么了。

万万妈妈开玩笑说："你儿子这么内向，不善于跟人交流，也没个特别要好的朋友，照这么下去，以后长大了找不到对象怎么办？"

万万爸爸笑着说道："我以前也挺内向的，不一样找到你了？不对，是你找着我了。"

夫妻俩互相调侃了几句，又说起了正题。万万妈妈说："话说，万万有没有特别要好的朋友啊？他从来没带朋友来过家里，也没见他去别人家做客。"

"这个……"万万爸爸回忆了一下，说，"好像还真没听他提过。不过应该不至于吧？秦桧还有三个好朋友呢。"

"要是一直没有好朋友，平时也没个说说心里话的人，未免有点太让人难受了。"万万妈妈说，"我怎么现在才想起这个问题呢？唉，真是的。"

万万爸爸劝了妻子几句，让她不要多想，说等万万回家后，问问万万，确定一下吧。

晚上，吃过晚饭后，万万妈妈状似无意地跟家人聊起了自己的好朋友，说真怀念以前一起上学的日子，每天一起上下学，周末去对方家里做作业，写完作业就一起看书、讨论问题，总有说不完的话。接着，她问万万有没有这样的好朋友。

万万想了想，说："像你们这样的，没有。"

万万妈妈心里咯噔一下。她看了看丈夫，斟酌了一下措辞，问万万："那你的好朋友是什么样的？"

万万思索了一番，说："我们不太聊天，也没有一起做作业、看书什么的，不过偶尔会讨论问题。"

万万妈妈不是很理解，这也算好朋友的话，标准是不是太低了？她委婉地问："你有几个这样的好朋友？"

"一个。"

万万妈妈顿了顿，接着问："是你们班上的同学吗？"

万万说："是在画室里认识的，他不是我们学校的学生。"

"怎么之前没听你提过？你可以请他到家里来玩啊。"

"他跟我一样，不太喜欢到别人家里去，不自在。"万万说，"我们偶尔会一起出去写生什么的。"

万万妈妈又向万万了解了那个男生的基本情况，知道了那个男生也是个比较内向的孩子，平时喜欢看书，学习成绩也不错。

万万妈妈原本是担心万万没有朋友才问他的，现在放下心来了，不过还是忍不住感慨地说："如果你能多结交几个好朋友就好了。"

万万对此有不同意见："朋友不在多。我看一个作家说过，人这辈子，能有一个真正的好朋友就很幸运了。很多人这辈子都没有真正的朋友。"

万万妈妈笑道："说得也是。你已经有一个好朋友了，随缘就行，不用太刻意地去结交朋友。"

"我也不敢说我们是真正的朋友，毕竟我们还小，没有利益纠纷，谁知道以后呢。没准哪天我们遇到点什么事，就翻脸了。"

万万妈妈有些惊讶："你怎么会有这样的想法？"

"本来就是这样啊，我跟我朋友都是这么想的。以后什么样，谁都说不准的，不用太执着。"

万万妈妈看了看儿子，似乎想到了什么，赞同说："你说得对，不用太执着。"

很多家长可能会觉得，内向的孩子胆子小，不敢尝试新东西，不敢和不熟的人说话，遇到挑战和逆境也缺乏应对的勇气。事实上，逆情商的高低与内向或外向没有必然关系。

内向并不是缺点，只是一种性格特点。每种性格都有优势和劣势，外向的孩子也可能有让父母头疼的问题，比如静不下心来学习、该安静的时候还动来动去等。

如果内向性格的劣势影响到了孩子的生活，我们可以针对性地帮孩子改善或解决，但没有必要，也不可能一步到位让孩子彻底不再内向。

举例来说，如果孩子在路上遇到熟悉的人，不敢上前打招呼，故意装作看不见或者绕路走开，那确实需要我们加以干预。我们可以让孩子说说他当时不打招呼的原因，然后帮他分析，在那种情况下应该怎么做才合适，鼓励孩子在之后遇到类似场合的时候采取相应的行动。

对于逆情商的培养也是同样的道理。我们的目的是让孩子提高逆情商，战胜困难，而不是非让孩子成为一个社交达人，不能因果倒置。

有些事情要坚持到底，有些事情要"半途而废"

爱因斯坦曾经说过："兴趣是最好的老师。"

现如今，大家的经济条件好了，能接触到的新东西多了，很多家长便开始想着让孩子多学一些技能，提升自己的素养。

我不止一次听说，很多孩子每天的日程安排很满，各种辅导班、兴趣班连轴转，各种乐器课、运动课、舞蹈课、绘画课、手工课等都要轮一遍。好不容易放假了，孩子也没法好好休息，各种课程等着，下了这节课就要马上辗转去下节课，连好好坐下吃饭的时间都没有。

这些孩子都是因为喜欢才去学那些东西的吗？当然不是了。

那么，学这些东西是不是都没有意义呢？当然也不是。

大部分孩子都不喜欢学习，无论是课内的学习还是课外的学习，无论是语数外等常规科目的学习还是钢琴、足球、芭蕾舞等艺术特长类的学习。就像语数外会对孩子的整体素养有所助益一样，钢琴、足球、芭蕾舞等艺术特长类的学习也会对孩子产生好的影响。正是因为抱着这样的想法，许多家长才会省吃俭用、努力赚钱给孩子报课外班，希望孩子能接受最好的教育，成为最优秀的人。

这些家长的初衷当然都是好的，可孩子毕竟也是人，不可能每个科目都考满分，也不可能每种特长都感兴趣、都学得特别好。如果孩子说想放弃某种特长，我们大部分家长会觉得孩子想偷懒，不但不会同意，还会教训孩子一顿，"逼"孩子继续练习。长此以往，孩子背负的压力无疑会逐渐增加，心理上也可能会出现一些问题，这是我们都不想看到的。

在某些时候，我们要允许孩子"半途而废"。

思源和安宁是两个表姐妹，两个孩子的家庭条件差不多，但是家长的教育理念差很多。

思源的父母从思源开始上早教班时就挑选最好的，而所谓"最好的"往往就是"最贵的"；安宁的父母则比较注重"性价比"，想着钱要花在刀刃上，能少花钱就少花钱。

思源和安宁要上小学了，因为两家离得近，附近的公立小学办学质量也很好，加上两个孩子在同一个学校可以互相照应，就把两个孩子送到了同一所小学。

虽然我们都会教育孩子，不要跟别人攀比，但在现实生活中，我们很难真正做到不跟别人比，尤其是亲戚之间，因为互相熟悉，日常接触频繁，更是免不了互相比较。这种比较涉及方方面面，从孩子的学习成绩、相貌、性格、特长到吃穿用度，从精神层面到物质层面，只要有区别，就能有比较。

思源和安宁从小接受的教育就不一样，可以比较的方面很多。

思源的父母一直想给思源最好的资源，他们也一直在为此努力。思源从小上的就是当地最好的早教班、最好的幼儿园、最好的小学。他们早早就开始为思源的未来打算，为了让思源以后能在市里最好的中学读书，他们还咬牙在重点中学旁边买了一套学区房。

思源刚出生没多久，父母就给她报了游泳班，等她稍微大一点，各种早教班、启蒙班都没落下。乐器方面，思源学过钢琴、小提琴、古筝；舞蹈方面，思源学过芭蕾舞、民族舞、拉丁舞；运动方面，思源学过篮球、网球、足球。除此之外，思源还学过国画、素描、围棋等。在正式上这些课之前，思源还旁听过不少体验课，只是由于种种原因，思源没有报班深入学习，比如架子鼓、羽毛球等。

当别的同学盼着周末放假好好玩两天的时候，思源从来无法感同身受。对她来说，星期六、星期天是比平常更忙、更累的日子。

跟思源形成鲜明对比的是安宁。安宁的父母认为，要尊重孩子的天性，比起培养一个全面发展的孩子，他们更想培养一个快乐的孩子。他们也带安宁上过不少体验课，不过安宁对大部分课程都不感兴趣。在征询过安宁的意见后，他们只给安宁报了书法班。

因为思源家和安宁家离得近，两个孩子又在同一所小学上学，两家人经常碰面，也会经常沟通交流。

一天，思源的妈妈跟安宁的妈妈一起聊天的时候，问安宁的妈妈："你就给孩子报一个书法班？这能行吗？现在的小孩都是从小就上各种兴趣班，琴棋书画什么都拿得出手。像安宁这样，以后班里有什么活动的话，都没法参与进去。"

安宁的妈妈知道思源上了很多兴趣班，有时候她也会想，要不要给安宁也报一个，不过最后她都会打消这个念头。

安宁的妈妈想了想，对思源的妈妈说："我们给安宁报书法班，是因为安宁对书法有兴趣。有兴趣的话，她学起来就会比较认真，也能坚持。我倒也不图她写字写的多好，不过字写的好看，考试的时候卷面整洁，也免得被扣卷面分。"

"那也要让孩子多学点东西，好歹有一个拿得出手的特长啊！"思源妈妈听了安宁妈妈的话，不是很赞同，"之前思源读的幼儿园办儿童节活动，让孩子们报名出节目，结果你猜怎么着？他们班上一多半的学生都报了钢琴，还有三分之一的学生报了小提琴。这说明几乎所有孩子都学过至少一种乐器。别人都会，就你不会，你不会越想越难受吗？"

安宁妈妈笑着说道："不瞒你说，我也想过要让安宁学点特长，但是我们还没想好让她学什么，而她自己呢，对各种特长也还处于观察阶段，没拿定主意。"

"嘻，让我说你们就是太惯着安宁了。孩子要学什么，还不是我们当父母的拿主意？小孩子哪有爱学习的？哪有能自己咬牙坚持的？只要我们当父母的坚持，孩子就能坚持下来。有一个特别出名的钢琴家，就是从小被父母逼着练钢琴，才拿到了国际大奖，成了特别专业的钢琴家的！"思源妈妈说着说着，又想到了自己的孩子，"我倒不指望思源能当大钢琴家，不过希望她能提升点文化素养，不要什么都不会，什么都拿不出手。"

思源妈妈怕自己说多了招人烦，也不再继续说这个话题，转而跟安宁妈妈聊起了别的家常。

不过，那天回家后，思源妈妈越想越觉得，让孩子学学书法很有必要。她跟思源爸爸商量了一下，又给思源报了个书法班。

对思源来说，她要上的兴趣班已经够多了，也不在乎再多一门，何况就算她反对，她的爸爸妈妈也不会同意的。不过偶尔，她也会羡慕安宁，安宁只需要上书法班就可以了。

读二年级的时候，安宁跟父母说自己喜欢琵琶，想学弹琵琶。

安宁的父母没想到孩子会喜欢民族乐器，不过既然安宁感兴趣，他们当然也会全力支持。所以在安宁读二年级的时候，终于开始上第二个兴趣班。

某个周末的晚上，思源的父母带思源到安宁家吃饭的时候，又聊起了孩子报的兴趣班。

思源的父母听说安宁在学琵琶，都表示支持，说他们终于知道要给孩子报班学乐器了。他们又鼓励了安宁一番，让她好好练习，以后听她弹《十面埋伏》。

安宁的父母不想给孩子太大压力，就说现在只是让安宁试试，如果安宁学了几天不想学了，就算了。

思源的妈妈不赞同地说："哎呀，我一直跟你们说，小孩子没有爱学习的，身为父母，我们就要替他们把关，该严厉的时候就要严厉，该逼迫的时候也要逼迫。趁着现在孩子小，学习能力强，就让孩子抓紧时间多学点呗。等过几年，学校的正经课多起来，放学时间越来越晚，还要抓考试科目的学习，就没时间学这些了。一共没几年，别浪费时间啊！"

安宁的父母没有反驳思源妈妈，随口应承着说："你说的也有道理。"之后便把话题带到了其他方面。

思源和安宁吃完饭后便一起到安宁的房间玩。思源有些担心地问安宁："你妈不会也给你安排一堆兴趣班吧？"

安宁笑着说："放心吧，不会的。"

思源看了看安宁，又听了听外面大人们的聊天，忍不住叹了一口气说："我真羡慕你。"

安宁学了两年琵琶后，又对竹笛和古典舞产生了兴趣。安宁的父母就带安宁报了这两门课程。

思源除了每天要上兴趣班，还要跟着家教学数学和英语。

思源班上有很多同学是从幼儿园就开始跟着家教学英语的，英语口语特别好。思源妈妈知道这件事后，特别懊恼，觉得自己耽误了思源，想要赶紧帮思源把英语成绩补上去，所以花大价钱请了口碑很好的英语老师。

思源本来就要上不少兴趣班，现在更是忙得团团转，简直一点休息时间都没有。

思源学了那么多东西，当然也不是没有益处。

思源的学习成绩比安宁好一些。每次考完试后，思源的妈妈都会打听安宁的考试成绩，每次得知思源的分数比安宁的分数高一些，就忍不住嘴角带笑。

思源还参加过各种比赛，拿过不少奖项。学校举办各种活动，需要学生表演才艺时，尽管有的项目，比如钢琴，报名的学生很多，但思源总是能靠着自己之前拿过的奖项脱颖而出。

与思源相比，安宁就没有那么耀眼了。不过，安宁的学习成绩也不错，课余时间也有自己喜欢的事情。安宁觉得，自己还是更愿意当安宁，而不愿意成为思源。

上了初中以后，学习压力逐渐增大，安宁和思源都没有时间一直上辅导班了。经过比较和思考后，安宁觉得自己最喜欢民族舞，于是决定暂时放弃其他的，课余时间只上舞蹈班。

思源这边的情况就比较复杂了。思源跟妈妈提了好几次，想放弃上特长班，专心学习，但思源妈妈觉得思源弹钢琴弹得很好，也获得过一些比较重要的奖项，不舍得让思源放弃钢琴。同时，思源在国画方面的表现也不错，老师说思源很有天分；另外，孩子不能每天闷头学习，总要运动运动、跳跳舞的吧？

思源妈妈想，思源学习这些特长都学了这么多年了，现在放弃未免太浪费。何况思源的表现一直很好，学习成绩也好，应该是能兼顾得了的，以后实在不行再放弃也来得及。

思源妈妈告诉思源："你不逼逼自己，就不知道自己有多优秀。就算遇到困难都要勇于挑战，何况现在没有困难呢？"又搬出了很多名人事例讲给思源听，鼓励思源坚持，不要放弃。

思源表面上好像顺从了，但每天干着不愿意干的事情，内心的痛苦与日俱增。

一次考试后，思源的考试成绩不理想，放学后没去上特长课，也没有回家。

思源妈妈见思源一直没回来，打电话也联系不上她，不由得开始着急。思源妈妈问了学校老师，得知学校早就放学了，思源也离开了学校，更是急得不得了。

思源妈妈给安宁家打电话，问安宁知不知道思源去哪儿了。

安宁想了一会儿，对思源妈妈说："我觉得思源最可能去的地方是电影院，因为思源跟我说过，她从来没去电影院看过电影，很想去一次。"

思源妈妈听安宁这么说，立刻就想挂了电话，让思源爸爸和自己分头去市里的几家电影院找思源。但安宁叫住了她："您别太着急了，思源应该有分寸。而且那么多家电影院，等你们一家家找完，没准思源已经看完电影回家了。"

"这……"思源妈妈犹豫了一下，觉得有道理，便打算先在家里等等。她心里着急，又忍不住埋怨思源："真是，这孩子，想看电影还不简单？也不知道跟家里人说一声，越来越不懂事了。"

安宁说："思源说，您不让她去电影院看电影，说那是浪费时间。她还说，每回她想看什么电影，您就让她等几个月，等手机上能看的时候，就让她从手机上用两倍速看。"

"这个……"思源的妈妈有些尴尬，"我不是看她课程安排紧张，怕她浪费时间吗。"

安宁的妈妈及时从安宁手中接过电话，宽慰了思源妈妈几句，让她别太着急了。

在等思源回家的时候，思源的妈妈想了很多。她一会儿认为自己对思源的教育有问题，不然思源今天不会这样；一会儿又认为自己对思源的教育没问题，不然思源不会这么优秀。

在思源妈妈焦虑地等待时，思源轻轻开门回家了。思源一进门看到爸爸妈妈坐在沙发上等她，便不由得有些紧张。

思源妈妈看到女儿，连忙起身，紧走几步过去抱住她。

思源爸爸问思源："吃晚饭没有？饿不饿？你想吃点什么？"

泪水溢出了思源的眼眶，她抽噎着说："爸爸妈妈，我们能聊一聊吗？"

这天晚上，思源的爸爸妈妈跟思源好好谈了谈，明白了思源内心真正的想法。

思源告诉爸爸妈妈，她很羡慕安宁，因为安宁一直在学自己真正感兴趣的东西，而她学的都是爸爸妈妈希望她学的。她学得很努力、很认真，也一直在坚持，虽然她也不明白坚持下去的意义是什么。思源还说，她每天都被那些特长班压得喘不过气，她觉得自己的心态出现了问题，现在每天晚上都失眠，白天也经常觉得沮丧，不想听到任何跟钢琴、画画之类相关的东西。她以后不打算靠弹钢琴过日子，也不想当画家，希望爸爸妈妈能暂时不要这么逼她。

思源跟爸爸妈妈说了许多许多。思源的爸爸妈妈没想到，他们一直希望给思源最好的，让思源成为最优秀的人，结果反而给思源带来了这么多负面的东西。

从那天之后，思源的父母再也没有逼着思源上特长班。

父母的期望会促进孩子的成长，但过高的期望也会给孩子带来过多的压力。孩子的一生中会遇到许多事情，会经历很多困难和挑战，我们经常鼓励孩子要勇敢，要不畏艰难、勇往直前，但其实有的事情我们是可以放弃的，是不必坚持到底的。

我们可以告诉孩子，当损失在我们可以承担的范围内时，如果实在想要放弃，那就放弃吧，"半途而废"也没关系。

正确应对考试带来的压力

考试是用来检查学习效果的一种手段。通过一次次考试，学生可以检验自己在近段时间的学习效果，清楚地发现自己在某个阶段、某个学科上存在的短板与不足，准确地判断出自己对近期所学内容的掌握程度与运用熟练程度。然而，随着考学压力的增加，越来越多的孩子和家长扭曲了考试本来的意义，将考试的分数与排名看得越来越重。这种错误的心态会让孩子不断积攒压力，导致心态失衡，有的孩子甚至会患上考前焦虑症。

想要培养孩子逆情商，让孩子正确看待考试，妥善调整考试带来的压力，是非常有必要的。

多多是个文静又努力的姑娘，在学习方面一直没让父母太操心。

进入高三后，班里的学习氛围忽然变得紧张起来，同学们好像一夜之间长大了，全都投入到学习中。多多也不例外，她一直保持着认真、勤奋、刻苦的学习状态。

高三的特征就是考试多，三天一小考，五天一大考。在这些频繁的考试中，很多同学感觉身心疲惫、苦不堪言。多多在经历了三次成绩不理想的考试后，心情变得十分沮丧，原本对未来充满信心的她忽然觉得有些迷茫。

放学后，多多心情低落地回家了。

"多多，这次的考试成绩怎么样？"多多的爸爸看到多多回来了，关切地问。

"还是没考好。如果一直这样下去，恐怕考不上一本了。"多多几乎要哭了。

"没事儿，放轻松，实在不行咱就上个二本，再不行咱还可以上专科。"爸爸安慰道。

"爸爸，您不相信我能考上大学吗？"多多有点惊讶又有点委屈地看着爸爸问。

"当然不是，爸爸当然相信你能考上大学了。"爸爸着急地解释道。

这时，一直在厨房忙活的妈妈走了出来，笑着对爸爸说："我做的鱼总是不如你做的鱼好吃，你快去看看还差点什么，挽救一下。"说完，妈妈冲爸爸眨了一下眼睛。爸爸点了点头，向厨房走去。

"多多，爸爸看你那么努力很是心疼，又看你心情不好，怕你压力太大才那样安慰你的，你别误会。爸爸妈妈一直相信你的能力，你的努力和付出我们都看得到。"妈妈拉着多多的手说。

"妈妈，我明白。我只是想不通，明明我那么努力了，为什么考试成绩却越来越不理想。我很苦恼，有点烦躁。"多多无奈地说。

"妈妈知道你因为考试成绩不理想，所以心里很难过。我很理解你的感受，但我们不能因此而怀疑自己甚至否定自己。高三的考试还有很多次，成绩有波动是很正常的。妈妈觉得对于现在的你来说，没考好反而是件好事，因为这样我们能及时发现薄弱的地方，及时去补充、改正。每一次考试过后，我们都能找到一些知识盲点，然后有针对性地去学习。只要这些盲点最后不被带到高考的考场上，那之前所有的考试失利都不可怕。我们一定要端正态度，保持乐观，不断地沉淀、累积，争取获得最后的进步和成功。"

"妈妈，我明白了。这三次考试过后，我的确一直沉浸在消极的情绪中，都忘了总结知识点了。我太纠结考试结果了，结果忘了这么重要的事情。我知道接下来该怎么做了。"多多充满信心地说。

"爸爸妈妈永远是你坚强的后盾，我们相信你一定能调整好自己的状态，勇敢地向高考冲刺！"妈妈笑着说。

"嗯！"多多使劲地点点头。

　　在孩子成长的阶段，考试成绩一直都对他们有影响。越到高年级，考试成绩对孩子的影响越显著。如果考试成绩不理想，孩子不能乐观地面对，而我们家长不能及时给予正确引导，那孩子会很容易在压力下迷失自我。

　　压力是把双刃剑，有的孩子可以化压力为动力，从而激发出无限潜能；有的孩子会想要逃避压力，结果导致一系列不顺心的事情。作为家长，我们当然都希望自己的孩子能正确面对压力，理性处理考试分数带来的影响。

　　当孩子因为持续的、高强度的学习压力而产生焦躁情绪时，可能会说一些带有负面情绪的话，比如"真不想坚持了""分数高又能怎么样""又烦又累"之类的气话。很多时候，孩子说这样的话并不代表他们真实的想法，而是一种情绪的发泄。在这种情况下，我们家长不用急着反驳或教训孩子。我们要以平和的心态去面对，认真倾听孩子的烦恼，鼓励孩子说出内心的感受。我们认真倾听的态度可以让孩子感受到温暖和力量，有助于他们缓解不良情绪。

　　如果孩子的压力实在太大，我们可以让孩子停下脚步，换换脑子，适当地进行一些轻松的活动。比如，我们可以和孩子一起去散步、聊一些轻松的话题、一起看一场喜剧电影、去郊游、去爬山……短暂的停歇并不是偷懒，而是帮助孩子充电，可以让孩子以更好的状态投入到学习中。

　　此外，我们还要让孩子明白，考试分数并不是最重要的，最重要的是从考试中学到了什么。我们可以鼓励孩子认真分析每次考试的结果、剖析失利原因，不断补充自己的知识欠缺。通过这种方式，孩子能在学习上对自己进行自我剖析，避免在同一个问题上屡次犯错。

我相信，正确面对考试，积极完善自己的学习情况后，孩子的学习成绩会逐步提升，而孩子在遇到考试失利的时候也能更理性地处理，不会因为成绩不理想而自信心受挫。

在一次次考试过后，一次次调整好自己的负面情绪后，孩子的逆情商也会逐步提高，未来遇到人生中的其他考试时也会更有底气应对。

P art 5

面对逆境，努力提升自我

如何调节负面情绪

在遇到不合自己心意的事情时，我们大部分人会产生负面情绪。负面情绪主要包括焦虑、紧张、愤怒、沮丧、悲伤、痛苦等情绪。如果孩子经常感受到这类情绪，不但会影响孩子的精神状态，有时也会让孩子的身体产生不适，对孩子的身心伤害很大。

当孩子出现负面情绪时，如果只是简单劝说，让其"不要生气\紧张\着急\难过……"，"没什么大不了的，想想好的一方面就行了"，效果可能不是很好。

负面情绪不可怕，我们都是普通人，在某些情境下产生负面情绪是很正常的，关键是要学会调节。

> 火火是个脾气很急躁的孩子，遇到不如意的事情时很容易着急上火。别的小朋友跟她抢玩具，她一生气会把玩具扔了；爸爸出门的时候太磨蹭，她急得要跺脚，不停埋怨他；有不熟的亲戚逗她，她听了不高兴，直接跟对方说"从我家滚出去"。
>
> 火火这性子是随了她妈妈。火火的妈妈受不得气，从不知道什么叫委曲求取，什么叫"忍"。
>
> 火火的爸爸是个脾气很温和的人，有时候火火犯了错，火火的妈妈骂她，火火的爸爸心疼孩子，就会劝妻子冷静一些，可惜效果并不怎么好。

有一次，火火犯了点错，火火的妈妈大骂了她一顿，火火忍不下这口气，第二天早上背着小书包离家出走了。

火火的爸爸妈妈发现孩子不见了，急得要死，在附近和相熟的亲戚家找了一圈，但完全没有火火的消息。

火火沿着大马路走了一上午，越走人越少，肚子又饿，犹豫了几次，还是返身往回走了。

火火把自己平时存的零花钱都带在身上了，本来打算从此不回家了，结果半天都不到就放弃了。她不甘心就这么回去，在路边的便利店买了一堆妈妈平时不让她吃的零食，吃完以后，看看天快黑了，才忐忑地往家走。

火火小心翼翼地打开家门，见家里没开灯，爸爸妈妈不在家，不由得松了一口气。她累了一天，回到屋里，倒头就睡。

火火的爸爸妈妈找火火找了一天，急得直掉眼泪。后来还是警察叔叔提醒他们回家看看，他们才想到回家的。

回到家，看到躺在床上的火火，火火的爸爸妈妈又忍不住掉眼泪。他们没出声，悄悄带上了门，随后给亲朋好友和警察叔叔报了平安。

因为这次事件，火火的妈妈决心改改自己的暴脾气。她向好朋友李老师求助。

李老师跟火火妈妈认识多年，之前就劝过火火妈妈，让她遇到问题好好沟通解决，不要发火。

火火妈妈总是说："道理我都知道，可是到了气头上，哪里忍得住呀？"

这次火火妈妈是真下决心要改改了。她专门去了李老师家里一趟，问她有没有什么建议。

李老师说："遇到有些事，想发火很正常。只是很多时候，发火只是一种情绪宣泄，并不能真正解决问题。我原来遇到事情也会发火，后来发现，发完火之后，跟对方之间的关系会出现裂痕，还要想办法弥补，反而更浪费时间精力。而且有的事情吧，过段时间看，完全没必要把自己和别人弄得那么不开心。当然了，我现在偶尔也会忍不住，只是正在学着慢慢改。"

火火妈妈问："你怎么改的？效果怎么样？其实吧，我每次发完火也有点后悔，也想改。我还上网搜了很多方法，可那些方法对我基本没用，我还是忍不住发火。"

李老师问："你用的什么方法？"

火火妈妈说："比如想发火的时候就深呼吸呀、从 1 数到 100 呀。哦，还有人说可以出去跑几圈，不过我没跑过。我这一天天的，累死了，哪有精力跑步？"

李老师说："这些方法能一直流传，肯定是有一定效果的。不过适合别人的方法，不一定适合我们。我们要根据自己的情况，多实践几次，找到最适合自己的办法。"

火火妈妈问："你用的什么办法？给我参考参考。"

李老师说："我实际操作过后，觉得对我来说最有效的方法是在想发火的时候独处。这主要是为了控制情绪。你知道我这人，从小脾气就不好，有时候情绪上来了，说话就没轻没重，甚至口不择言。认识到这一点后，我在跟别人沟通前，都会尽量控制好自己的情绪。"

"怎么控制？"

"我一般能外出就外出，哪怕是下楼丢垃圾，或者在小区里转一圈也好。实在不能外出，我就去卧室、书房、卫生间待会儿，或者低头玩手机。其实我们生气也就气那么一会儿，过了那个劲就好了。你刚才说的深呼吸、数数、出去运动也是差不多的道理。"

火火妈妈笑道："这是'眼不见心不烦'？"

　　李老师笑着说："差不多吧。等情绪稳定下来之后，能跟别人好好交流了，我再回去找对方谈话。"

　　火火妈妈想了想，说："听起来似乎有点道理，下次我也试试。唉，我这脾气真的是……有时候我也发愁。"

　　李老师说："我这也是慢慢摸索出来的，慢慢来吧。"

　　火火妈妈说："我女儿的脾气跟我一样，暴躁得很。你看，这回我不过说了她几句，她就闹成这样了。回头我得拉着她，让她跟我一块儿学学怎么调整自己，不然以后真是不得了。"

　　我想，有类似困扰的家长肯定不只火火的妈妈。孩子在成长的过程中，也必然会遇到一些事，并对其产生负面情绪，因此让孩子学会调节负面情绪是很有必要的。

　　上面提到的调节愤怒情绪的方法也可以用于调节其他负面情绪。总的来说，调节负面情绪主要有四个步骤。

　　第一，转移注意力。当我们对某个人、某件事产生负面情绪时，最好能离开对方。"眼不见心不烦"确实有其道理，可以让我们迅速冷静，不至于被情绪左右。

　　如果无法离开，我们也可以让自己的注意力落在别的地方。我之前听一个朋友说，她不想听别人啰唆的时候，就会想象对方是金鱼，说话的时候在不停吐泡泡，所以她很少因为对方的话生气，有时甚至会因为自己想象的场景笑出来。

　　第二，自我暗示。当我们的情绪基本稳定后，就可以尝试着调节身心状态了。在调节的过程中，自我暗示是很有用的方法。如果对方让我们生气，我们可以告诉自己：他有他的难处，他也不是故意的；一切都会过去的，未来会变好的；这没什么，一点小事情而已……通常来说，经过自我暗示，我们的心情会变好一些。

第三，做一些让自己愉快的事情。产生负面情绪时，我们一定不能自怜自艾，沉溺其中。我们可以做一些能让自己感觉愉快的事情，比如听音乐、看电影、打篮球、玩游戏等。需要说明的是，我们最好选一些轻快、明亮的视听刺激，否则我们本来想放松的，结果可能反而被消极的电影、音乐、游戏等带得越来越想不开。

当然了，如果什么都不想做，彻底放空也可以，只是最好不要一直回想让自己产生负面情绪的事件，免得越想越难受。

第四，改变认知。很多事情其实没那么严重，也没那么值得我们产生情绪波动。小孩子会因为一块糖果、一个气球而大哭大闹，长大后就会觉得不值得为这些小东西产生情绪波动了。我们可以告诉孩子，有些事情并没有他们以为的那么严重，等再过几年，他们接触了更多事情后，就不会为今天的些微小事难受了。需要特别注意的是，当孩子正为某些事件难受时，我们说这类话可能会让孩子觉得我们不理解他们。毕竟他们还没有长大，还真的会为一些我们成年人不看重的东西难过。在这种情况下，我们最好能回想一下自己年幼时的心态，对孩子的情绪表示理解，而把一些说教的东西留到以后再说。

一个高逆情商的孩子必然也是一个能妥善调节负面情绪的孩子。作为家长，当孩子产生负面情绪的时候，我们要及时帮孩子调节，并在这个过程中让孩子逐渐学会自己处理负面情绪。

遇到困难可以找谁帮忙？

培养孩子逆情商，就是培养孩子应对困难的能力。

面对困难，孩子能自己处理当然不错，但能找到合适的人，得到对方的帮助，也是一种值得培养的优秀能力。

在孩子年幼的时候，遇到困难可能会向爸爸妈妈求助。在他们幼小的心里，爸爸妈妈几乎是无所不能的。随着孩子慢慢长大，他们开始上学，在学校的时间变得越来越长，遇到困难的时候，他们会向老师求助。再后来，孩子认识的人多了，对社会的了解也比较多了，遇到困难的时候，他们可能会向朋友、长辈、警察、医生等求助。在这个过程中，孩子渐渐长大成人，也会慢慢成为别人求助的对象。

　　小邓是个比较害羞的男孩子。在小邓年幼的时候，爸爸妈妈就去外省工作，没有条件把他带在身边。小邓从小跟爷爷生活在一起，爷爷每天都会去地里干活，小邓也只能跟着爷爷去地里，偶尔帮爷爷干点轻松的小事，大部分时候就在不远处独自玩耍。

　　因为小邓接触的同龄人比较少，加上爷爷是沉默少言的性格，小邓也养成了少言寡语的特点。

　　后来，小邓的爸爸妈妈通过努力工作，攒下了一点钱，终于有条件把小邓接到身边照顾了。

　　小邓离开爷爷，离开家乡，到了完全陌生的城市。爸爸妈妈告诉小邓，到了新家，去了新学校，就不能说家乡话了，因为别人听不懂。

小邓不习惯说普通话，觉得用普通话跟别人说话很别扭。因为小邓之前在家乡的时候，只有上课的时候是说普通话，平常的时候，不管去哪儿，不管跟谁说话，都是说方言。哪怕在学校里，同学们在课后聊天的时候也是说方言。

小邓去了新学校，新同学很热情地围着他，问这问那，跟他说话。小邓本来就比较害羞，加上心里一直想着"不要说家乡话，要说普通话"，所以小邓好不容易鼓起勇气回答同学的提问时，差点连话都不会说了。

小邓的普通话说得不标准，带着家乡话的口音。同学们觉得小邓的口音很好玩，哈哈大笑。

小邓觉得同学们在嘲笑他，羞得脸通红，恨不得这辈子再也不说话了。

一个人的口音不是三天两天就能改的，小邓当然也不能。而且小邓在家里跟爸爸妈妈说话的时候都是说家乡话，调整起来就更不容易了。

小邓不想被别人笑话，所以在外面的时候，除非万不得已，否则他决不开口说话。

小邓在新学校待了一段时间，同学们对他不再有好奇心，跟他聊天也聊不到一块儿，渐渐地就很少跟他说话了。

小邓在课堂上从不主动发言，被老师点名要求回答问题的时候也是支支吾吾，半天说不出一句完整的话。偶尔说了，同学们听到他的口音，又捂嘴笑着模仿他说话。小邓见同学们笑他，干脆就不说话了。

老师见到这种情景，虽然也鼓励过小邓，教育过学生们，让他们注意自己的言行举止，但效果不是很好。

想要掌握任何一门语言，多说多练是少不了的。小邓平时不开口说普通话，私底下也没有练习过，说不好普通话是很自然的事情。越是这样，小邓越不愿意说话，这就形成了恶性循环。

小邓从小没在爸爸妈妈身边生活，跟他们不是很亲近。这是需要时间和长期相处才能改善的，所以虽然爸爸妈妈很爱小邓，小邓也不会把自己的烦恼都告诉爸爸妈妈。

另外，小邓是个懂事的孩子，爸爸妈妈每天的工作那么忙，经常要加班，小邓不好意思让他们为这点小事烦恼。更何况，口音这种事情，爸爸妈妈也帮不上忙。

就这样，小邓变得越来越不合群，跟同学之间的关系越来越疏远。有时候老师要同学们自由结成小组参加活动，没有同学主动约小邓的话，小邓也不会主动要求加入某个小组，最后就剩下他孤零零一个人没有参加任何小组。

没有朋友，没有关系亲密的人可以诉说心事，小邓的心里很不好受，可他也不知道该怎么改变。

如果是在电影或小说里，此时会出现一位老师或同学，他会像阳光一样耀眼，充满智慧，满怀爱心，耐心地引导小邓改变，使小邓成为更积极向上、更懂得努力提升自己的人。可惜在现实生活中，这样的人几乎不存在，所以小邓依然是原来的小邓，并没有任何改变。

无论小邓是什么样的人，他都会慢慢长大。可时光只能让小邓的身体成长，并不能让小邓的心灵成长。

长大后的小邓不善言辞，外表看起来很冷漠，一副生人勿进的样子。只有小邓自己知道，他也很羡慕那些开朗热情的人，也希望有人跟他做朋友。

小邓不算很聪明的孩子，加上没有掌握好的学习方法，学习效率比较低，所以他的学习成绩一般，没有考上好的高中，也没有考上好的大学。

工作以后，小邓的性格也没有改变。工作或生活中遇到烦心事的时候，他总是习惯自己处理，能不跟其他人说就不说。

举例来说，小邓如果要去一个陌生的地方，一定会自己上网查好攻略，做好规划。有时候网上的信息更新不及时，或者地图导航上的路线是错误的，小邓跟着导航绕很久都找不到目的地，他也不会找附近的人问，而是会固执地自己研究地图。

好在如今科技发达，大部分时候多花一点时间，多走一点冤枉路，小邓就能找到目的地。

处理其他类似事件的时候也一样。只要能在网上解决的，小邓一定在网上解决。实在解决不了的，比如要给有关部门打电话投诉商家，小邓要做好久的心理建设才会去做，要么就干脆放弃投诉。

这些小事情，如果小邓不主动跟别人说，别人是不会知道的。所以虽然小邓的父母和亲戚都知道小邓不善言辞，却不知道他这方面的问题有多严重。

真正让大家了解小邓的，是小邓的堂姐给小邓介绍了一份工作。

小邓的堂姐在一家制药公司做医药代表，因为她的业绩很好，提成很高，所以她觉得自己的工作很好。有认识的人想入行的话，她都会热情推荐。

小邓的父母觉得小邓的工作没前途，赚不了多少钱，几次三番要求他去找堂姐，让他去堂姐所在的公司工作。

小邓不想去，觉得自己的性格不适合当医药代表，但他拗不过父母，加上堂姐也说当医药代表很容易，所以小邓还是去了。

但小邓本来就不善于跟人打交道，一起参加培训的人又多，小邓见别人都落落大方，能言善道，越发觉得自卑了。培训老师让大家当众介绍自己的时候，小邓的声音都在发抖，手心里全是汗。

参加培训没几天，小邓就放弃了。

堂姐不明白，在她心里，只要参加完培训，学会那套话术，谁都能当医药代表，怎么会有人说自己干不了呢？

堂姐劝了小邓好几天，但小邓铁了心要放弃，她也没办法。

小邓的爸爸妈妈听说了这件事，觉得很失望。小邓给他们打电话的时候，他们连连叹气。虽然他们没有责骂小邓，但小邓还是觉得很惭愧、很沮丧。

这件事情一直憋在小邓心里，他觉得自己真是没用，什么都干不好，对未来也感到很迷茫。

小邓颓废了好几天，但他不是好吃懒做的性格，也不想啃老，所以还是打起精神去找工作了。

小邓参加了好几家公司的面试，但他的资历并不出众，他也不善言辞，所以那些公司都是让他回去等消息。小邓知道，他们不会给他消息的。

有一天，小邓又去了一家公司面试。这家公司的规模很小，但是给了小邓很深的印象。

面试小邓的是一个三十来岁的男人，是那家公司的总监，看起来很瘦弱，但脸上笑眯眯的。小邓觉得他很亲切。

小邓和这位总监打了招呼，总监笑着说："你说话也有口音呀？我普通话也不好，你听得出我是哪里人吗？"

不知道怎么回事，原本很怕跟人交流的小邓，在和这位总监聊天的时候很快就放松下来。

两人聊了十来分钟，总监当场表示，如果小邓愿意的话，下周一就可以去上班。

小邓又惊又喜，觉得自己今天真是撞大运了。

各项条件都谈好后，总监送小邓出去。两人快走到前台的时候，一个中年男人走进来。

总监跟那个中年人打了招呼，又给小邓和那中年人做了介绍，说那中年人是老板。

老板的普通话更不标准，几乎每个字都带着口音，不过他显然不觉得这有问题。

小邓迷迷糊糊地走出公司大门，回头看了看公司的名字，心里暗暗决定，他一定要在这家公司好好工作。

说实话，这家公司的各项工作流程都不规范，公司业绩也不好，但小邓在这家公司学到了很多。

对小邓影响最大的就是当初面试他的总监。

一直以来，小邓都有点自卑，不敢跟别人交流，也看不到自己身上的闪光点。在跟总监的相处过程中，小邓渐渐明白了，那些他原本以为的"缺点"只是他自以为的，实际上别人根本不会在乎，有时候别人反而会觉得这些"缺点"很可爱。

有了这样的认知以后，小邓决心改变。他上网搜了很多别人分享的心得，又买了一些书，一边学习一边做笔记，然后在现实生活中一点点实践。

慢慢地，小邓外出时，开始向别人问路了。他一般会问附近的保安、清洁工，或者大爷大妈等，他觉得他们更热情，对附近的路况也更熟悉。

看到一些有趣的新闻时，小邓也开始分享给别人。先是分享给网友，慢慢地开始分享给同事和其他现实中认识的人。

当别人遇到一些问题，比如同事想换新手机，但不知道换什么手机比较好时，小邓会提出建议，帮对方分析。

遇到可以找人协助的事情，比如搬家、抬重物等，以前的小邓会想办法自己一个人干，现在的小邓会张口请人帮忙，然后请对方吃饭或者送对方一些东西等。

慢慢地，小邓有了一些关系比较好的朋友，大家偶尔会一起出去玩或一起吃饭，小邓不再像以前那么孤僻了。

小邓有时候会想，这些改变都是很简单、很容易的事情，可惜他一直不知道，一直没有尝试过，不然也许他早就学会调整自己的状态了，自己的人生可能会有另一种可能。

像小邓这样，小时候性格内向，跟父母关系不亲近的孩子，遇到困难的时候很可能只会闷在自己的心里。久而久之，问题越来越大、越来越多，孩子没有自己解决的能力，父母也不知道怎么帮助孩子，那就可能会使孩子的性格出现一些负面因素，变得孤僻、不自信、偏激等。

作为家长，我们一定要让孩子树立起这样的观念：遇到自己解决不了的困难，可以请爸爸妈妈帮忙。

这听起来很简单，但实际做起来并不容易。一些被校园霸凌的孩子，跟父母求助后，父母没能很好地帮孩子解决问题，有的还会怪孩子，觉得孩子撒谎、招惹别人，这无疑会使孩子和父母之间的关系越来越远，之后孩子再被霸凌就不会告诉父母，而是自己默默承受。一些受不了霸凌，选择结束自己生命的孩子就是这类情况。

很多父母说，孩子到了青春期，就跟父母关系疏远了，不跟父母说心里话了，这在一定程度上也是因为孩子觉得，就算告诉了父母，父母也帮不了自己，甚至有可能会"教训"自己，不如不说。

因此，在帮孩子解决问题的时候，我们也不能忘记尊重孩子。即使我们不理解孩子的想法，觉得孩子的言行很幼稚，我们也不能嘲笑孩子，或者敷衍他们。

遇到我们不知道如何处理的问题，或者问题的性质比较严重时，我们可以向亲友或者专业人士求助，认真分析他们的建议是否可行，然后征询孩子的意见，听听孩子的想法。如果孩子坚决反对我们的做法，可能有我们不知道的原因或者其他考虑。此时，我们最好能让孩子说出理由，如果孩子不肯说，或者说出来的理由不能说服我们，我们也最好能冷静一下，先想想其他办法。

除了父母以外，孩子在学校里最信赖的人就是老师了。如果孩子遇到困难，向老师求助也是一个很好的选择。

需要注意的是，我们有必要提醒孩子，不是遇到所有问题都要向老师求助。如果孩子向老师"告状"过于频繁，可能会使其他同学有意见。

一般爱跟老师告状的孩子也喜欢跟家长告状。我们可以留意一下，孩子是不是在生活中遇到大小事情都会找我们求助，如果是这样，我们可以分析一下孩子告状的原因，教孩子以后遇到这类事情如何处理，让孩子尽量自己解决问题，而不是找家长或老师告状。

孩子在学校时，因为班级里的学生很多，老师可能没有时间，也没有精力关心每一个学生。有时候，孩子遇到问题，希望得到老师帮助，但老师可能有其他事情要忙，或者对孩子的问题不够重视，处理得不够好，孩子也许会对老师产生消极情绪。针对这类情形，我们最好能偶尔在微信或电话中向老师了解孩子的情况，老师就能更及时地向我们反馈孩子可能存在的问题，我们也能及时处理。

我们在日常生活中，可能会远离自己不喜欢的人，但对孩子来说，远离不喜欢的老师可能很难，而且会严重影响孩子的学习状态。因此，如果孩子对老师有不满，我们一定要及时了解原因。如果是孩子的错，我们要分析情况，让孩子避免再犯同类型的错误，更要让孩子不对老师产生消极情绪；如果是老师有做得不好的地方，我们可以让孩子学着将心比心，毕竟只要是人就难免会犯错误。

除了父母和老师外，还有许多人可以向孩子提供帮助。我们可以举一些生活中常见的例子，让孩子明白，在遇到这类事情时，向哪些人求助可以更有效地解决问题。比如，如果跟父母走散了，可以请旁边的叔叔阿姨给父母打电话，或者打 110 报警等。

在教给孩子如何向其他人求助的时候，我们也可以鼓励孩子，如果遇到自己能帮忙的事情，可以提供自己力所能及的帮助，或者请其他人提供帮助。

正确归因——如何从失败中学习

有学者认为，逆情商主要由四部分组成：归因、控制感、控制逆境的影响范围、控制逆境的影响时间。我个人认为这其中最重要的是归因，所以本节专门讨论归因。其他三个部分我们在下一节讨论。

归因是社会心理学概念，主要指个体对他人或自己行为原因的因果解释和推论。

个体主观认为的造成某种局面或出现某种行为的因素的来源，可以分为内部来源和外部来源。如果个体认为，之所以造成某种局面或出现某种行为，是个体自身的原因造成的，如个体的能力高低、努力程度、身心状况等，那这种归因方式就是内部归因；如果个体把造成某种局面或出现某种行为的原因归结到外部因素，如运气好坏、外部环境、任务难度等，那这种归因方式就是外部归因。

内部归因和外部归因没有好坏之分，但在某些情况下确实会影响我们对自我的认知，进而影响我们的心理状态。通常，人们会把自己取得成功的原因归结为内部原因，而把自己失败的原因归结为外部原因。如学习成绩好是因为自己聪明、努力、有上进心等，学习成绩差是家庭环境不好、学校的教育方式不适合自己、社会风气有问题等。外部归因是一种自我保护机制，可以在一定程度上避免我们被失败击垮，但这种归因方式也会让我们在面对问题时不能积极应对，不能调动起自身的潜力。把成功都归结为内部原因会让我们对自己充满信心，但这种归因方式可能会让人骄傲、自负，不能对其他人的遭遇产生同理心，甚至对其他人产生蔑视心理。

因此，我们有必要让孩子学会综合归因。很多时候，问题产生的原因和行为产生的结果是由内部原因和外部原因共同决定的，两方面的原因都不能忽略。只有学会客观归因，我们在面对逆境时才能正确地分析问题，找到正确的处理方式。

上面提到的各种因素也可以分为稳定因素和不稳定因素。所谓稳定，指的是在类似情境下具有一致性。比如运气好坏、努力程度、身心状况都是不稳定因素，而任务难度、能力高低是稳定因素。通常来说，将失败归因为不稳定因素可以让人更容易坚持某些行为，因为稳定因素是我们无法改变的，我们在面对自己无力改变的环境时会更容易放弃。

此外，上述因素还能分为可控制性因素和不可控制性因素。如果个人的意愿能加以控制，那就是可控性因素，否则便是不可控性因素。如上面提到的努力程度就是个体可以控制的，但能力高低、身心状况、运气好坏、任务难度、外界环境都是个体不能控制的。在教育孩子时，我们应该让孩子尽量把问题归因为可控性因素，让孩子明白，只要他们付出足够的努力，一定可以取得好成绩；如果暂时没有取得成绩，是因为努力程度不够，而不是因为能力低、运气差等。

对成功和失败进行归因可以帮我们应对逆境，让我们能更理智地决定采用哪些行动。作为家长，我们应该帮孩子建立起相对客观的归因方式。

小然是一个学习成绩很好的孩子，平时待人接物也很有礼貌，爸爸妈妈和亲戚们都觉得小然很懂事，不需要家长操心。

不过，小然的高中老师并不这么认为。

在小然的高中老师看来，小然的性格很孤僻，跟同学们的关系一般，有时候还会故意顶撞老师，跟老师说话的时候阴阳怪气。

老师向小然的父母反映过这个问题，不过小然并没有改，小然的父母似乎也不觉得自己的孩子有问题。

在小然的爸爸妈妈看来，小然从幼儿园、小学到初中，所有老师都夸小然是好孩子，认真又努力，品学兼优，不可能一到高中就变了。更何况，他们问过小然，小然给他们的解释跟老师说的完全不一样。作为父母，他们当然更相信自己的孩子。

小然所在的省份教育资源比较匮乏，好学校不多，临近的几个县里最好的高中就是小然就读的高中了。小然家在另一个县，所以他只能住校。

像小然这样，从其他县来上学的孩子在整个高中所占的比例并不多，大部分同学都是家在本地的，不需要住宿。

这所高中还有一个初中分部，是当地最好的初中。小然所在的班级里有不少学生是从初中部升上来的，彼此都认识。他们常常在一起玩，学习上有什么困难也会一起交流。

这些本地的同学对小然这样外地来的同学很友善，小然遇到不会做的题目，问他们的时候，他们也会耐心解答，但小然还是觉得跟他们在一起怪怪的。

班上有些同学的家庭条件比较好，去过不少大城市旅游，这些同学有时候会说起外地的某家餐厅、游乐场，也会说起在当地见到的比较有特色的东西。小然完全不了解这些，插不上话，只能自己闷头看书。

周末放假的时候，有些学生会约着出去玩，但小然家的经济条件一般，没有那么多零花钱，所以小然一般不出去。

好不容易出去玩一趟，同学们回到学校后，比较兴奋，会讨论当天的见闻。小然没有跟着一起去，也不打算去，所以总是自己默默地看书。

日子一天天过去，同学们互相熟悉起来，大都有了相对固定的玩伴，会一起去食堂吃饭、一起写作业、一起去操场运动、一起闲聊等。而小然跟谁都不是很要好，基本干什么都是一个人。

在小然看来，造成这种情形的主要原因是同学们的问题。比如小然觉得，部分本地的同学有莫名其妙的优越感，不喜欢跟外地学生来往，所以他们平时基本只跟当地同学聊天，聊的也是只有他们之间才知道的话题。小然觉得这些同学很肤浅，对他们很反感。

偶尔有外地的同学跟这些本地的同学聊得来，小然觉得，这是外地的同学在巴结别人，要么就是本地的同学有求于对方，反正肯定有一方居心不良。

小然的理科成绩很好，尤其是物理。物理老师很喜欢小然，让他做了物理课代表。不过小然并不喜欢物理老师，在他看来，物理老师的专业水平一般，只是整天笑眯眯的，看起来比较亲切，所以别的同学和老师才会比较喜欢他。

小然买了不少习题册，做完老师布置的作业后，会自己做一些额外的练习。有的习题册上会有一些难度比较大或者比较偏的题，小然会拿这些题向老师请教。有的老师看完题目后，会告诉小然："你不用做这些题，考试不会考这样的题。"

小然表示，自己只是很想知道怎么解这样的题。

老师说："你现在还理解不了，我讲了你也不明白。你先去做别的题吧。"然后就让下一位同学来问自己了。

小然觉得一定是老师自己也不会做，怕丢面子，才这么说的。要么就是老师不喜欢自己，不想多费精力给他讲解。

为了证明自己的想法，小然故意找了一些看起来比较难的题给老师，只要老师推脱不讲，小然就在心里把老师定性为没有真材实料的"水货"；有的老师给小然讲解了，但小然没听懂，他又觉得，一定是老师自己也没搞明白，所以讲的糊里糊涂的。

因为抱着这样的想法，小然对老师们一点都不尊重。如果老师上课的时候写错字，或者有口误，小然就会冷笑，阴阳怪气地说老师错了。

这样的次数多了，老师们都不太喜欢小然。

物理老师对小然比较偏爱，即使小然表现得很没有礼貌，他也觉得小然本身是没有问题的，只是说话比较直。

有一次，上物理课的时候，物理老师让大家做几道题。同学们都在安静写题，物理老师在教室里转了一圈，走到小然旁边，弯着腰看他的解题步骤。

小然解题速度比较快，很快就把题都做出来了。物理老师笑着问："最近你下课后都不来问我问题了啊，是全都会做，还是对我有什么不满意呀？"

小然没抬头看老师，不过用教室里的同学都听得见的声音说："以小人之心度君子之腹。"

物理老师没再说话，教室的同学也没说话。

这件事似乎就这么过去了，不过物理老师再也没有单独找小然说过话，小然也没有再问物理老师问题。

小然就读的高中对学生的管理不是很严，平常布置的课外作业也不多，主要是靠同学们自己查缺补漏，按自己的学习情况制定学习计划并完成。有时候，成绩特别好的学生在课堂上写其他科目的作业，或者做其他事情，只要不影响到别的学生，老师就不管。

小然原本没觉得这有什么问题，不过跟老师们闹矛盾以后，就越想越觉得老师对他有意见，故意针对他了。

小然觉得，一定是因为自己不给老师们面子，得罪了他们，所以老师们不想管他。小然对老师们越来越不满，虽然他同时跟自己说：

"没关系，我不在乎。"

　　小然不擅长体育运动，运动会的时候他什么项目都没参加，他也不想因为观看比赛耽误学习，所以在别的同学比赛或在比赛场地旁边加油的时候，他一直在教室学习。赛后，别的同学回到教室，兴高采烈地讨论比赛情况，但都在离他比较远的地方讨论，没人跟他说话或打招呼。这让小然觉得那些同学一定对他有意见。不过他又想："没关系，你们讨厌我，我也讨厌你们。"

　　在老师跟小然的父母联系，让他们多关心、开导小然后，小然的父母问小然对老师、同学有什么意见。

　　在小然的描述中，学校的老师和同学有一堆问题。因为他说的有鼻子有眼，还有很多具体的例子佐证，所以父母选择相信小然。

　　他们对小然说："没办法，有些人就是那样的。你专心学习，没事少跟他们打交道。老师那边，我帮你敷衍过去。真是倒霉，碰到这种老师。"

　　随着时间推移，小然越来越觉得痛苦，越来越觉得自己真不该进这所学校读书。这学校不适合他，他也不喜欢这里。

　　毕业时，许多同学都说舍不得，说学校的同学和老师都很好，给了自己很多帮助，自己在学校学到了很多，有了很多珍贵的回忆。

　　小然冷眼旁观，心里想的是："我终于解脱了。"

　　我认为，小然在高中时的痛苦有很大一部分是他的归因方式造成的。他对周围人的态度和反应很敏感，认为别人都对他怀着莫须有的恶意。他会把很小的事情想得很严重，遇到问题时总是从外部找原因，从不尝试解决问题。

　　当然了，我也不是说遇到问题都要从自身找原因，因为很多时候确实是其他人的原因，我们不能把所有责任都推给孩子。比如孩子被欺负了，有的家长会说："是不是你惹他了？他怎么就欺负你，不欺负别人？"这种处理方式会给孩子造成很大的伤害，是我们应该尽力避免的。

在失败的时候，正确的归因方式能让我们找到问题的根源。只有找到真正的问题原因，并理性面对，理性解决，我们才能避免失败带来的消极影响，避免下一次失败。

想要培养孩子逆情商，让孩子学会正确归因是很重要的方面，一定要处理好。

"控制"逆境

上一节我们说过，逆情商主要由四部分组成：归因、控制感、控制逆境的影响范围、控制逆境的影响时间。上一节我们谈了归因，这一节我们来谈谈另外三个部分。

首先是控制感。逆情商中的控制感主要是指我们对自己控制逆境的能力的感受。在面对逆境时，如果我们觉得自己不能战胜它，那我们就很难做出有效应对。如果稍微尝试过后，发现确实不能战胜困难，那内心就会产生很强烈的沮丧感，觉得不如早点放弃。逆情商高的人面对同样的困境时，会表现得更自信，通常都可以比较冷静地面对问题，积极应对，因此他们战胜逆境的可能性会高很多。

培养孩子对逆境的控制感时，我们可以先让孩子从比较容易解决的困难开始，树立起他们的自信心。在这个过程中，我们家长要以鼓励为主，不要说丧气话。当孩子表现出害怕困难、逃避困难的言行时，我们可以运用自己的经验，和孩子一起想办法解决。就像制定目标时可以把目标分成大目标、小目标，逐个完成；解决困难时，我们也可以把困难分成大困难、小困难，让孩子试着逐一攻破。在平时，我们也可以让孩子看一些传记作品，或跟孩子讲一些时事新闻，帮孩子树立起战胜困难的信心。

慧慧上小学的时候，成绩不太好。慧慧的妈妈看了很多培养孩子方面的书，又仔细分析了慧慧的情况，觉得慧慧成绩不好不是因为笨，而是因为太不在乎成绩，没有学习目标。许多家长都会鼓励孩子考100分，平常的作业也希望让孩子全部做对，但慧慧的妈妈从没对慧慧表达过类似的要求，因为她觉得，让慧慧有一个快乐的童年才是最重要的，没必要让慧慧因为分数不开心。

慧慧写错题了，她妈妈总是说："没关系，以后慢慢就会了。"慧慧的考试分数不理想，她妈妈也是以夸奖为主。慧慧本来就玩心大，课上不好好听，课后又没认真学，所以基础知识掌握得不好。掌握得不好的部分多了，慧慧学习新内容的时候就开始觉得吃力。越觉得吃力，慧慧越不想学，越不学越吃力，渐渐就形成了恶性循环。

因为一次偶然的事件，慧慧的妈妈发现，慧慧因为成绩不好，变得有些自卑，而且常常因为学习的事情不开心。在遇到一些其他事情的时候，慧慧也表现出不自信、容易放弃等问题。这和慧慧的妈妈原本的设想是不一样的。

慧慧的妈妈决定补救。她决定先从学习入手，让慧慧"战胜"学习，以培养慧慧的自信心、自制力，并提高慧慧战胜困难的决心和勇气等。

刚开始的时候，慧慧的妈妈给慧慧定的目标很小，类似于每天熟悉一个汉字、做对一道数学题等。慧慧的妈妈想通过这样的方式，让慧慧建立起自信。

慢慢地，慧慧每天能完成的学习量越来越多，成绩也渐渐上去了。

等慧慧的成绩跟上去以后，慧慧的妈妈开始和慧慧一起规划长期目标，并事先订好奖励。小学的课程不算很难，慧慧的妈妈对慧慧的要求也不高，所以这些目标慧慧都能完成。

慧慧的妈妈觉得孩子不能只顾着学习，所以也鼓励慧慧多学一些新东西，比如围棋、书法等。在学习这些东西的时候，慧慧的妈妈也会和慧慧一起定目标。随着一个个目标被完成，慧慧对自己的能力越来越自信。

慧慧的妈妈说："我跟慧慧爸爸想着，只要慧慧能快快乐乐地长大就行，成绩好坏都无所谓。不过后来慧慧自己说想在学习上下一番工夫，取得好一些的成绩。既然孩子这么说，我跟她爸爸当然要支持。

"我们和慧慧一起分析了她各科的成绩。她的数学最好，英语稍微差点，语文、历史和物理等科目都是中等水平。我们又分析了她每门课能提高到什么程度，以及各科考多少分，总分才能达到市重点中学的录取线。我们根据这些情况，和慧慧一起制定了一些具体的办法。比如语文试卷主要分为选择题、填空题、阅读理解、作文等，慧慧的作文分数偏低，所以我们让她多看一些经典文学作品，多背一些诗词歌赋，多积累一些作文素材，平时多写日记、读后感等，锻炼写作的能力；阅读理解她的分数也偏低，所以我们让慧慧多做一些练习，总结出题人的思路和目的，大致了解某类型的题目是想考什么方面的知识等。

"每次大考小考过后，我们会跟她一起分析、总结，看哪些科目的分数达到了我们的预期，哪些科目还能提高一点。就这样，慧慧的成绩一点点上去了。成绩上去以后，慧慧变得更自信，偶尔考试成绩不太好，她都能很快调整过来；有时候学习上越到困难，她也不气馁，会认真分析原因，想办法克服。我跟她爸爸都感到很欣慰。"

战胜了一个个小困难后，孩子对困难的控制感会逐步增强，在面对大困难时会表现出更好的控制能力。

在帮孩子遇到困境，想要克服的时候，我们做家长的应该多费点心，多跟孩子沟通，多了解孩子目前的水平，看怎么样才能让孩子更好地解决困难，避免孩子因为无法处理困难而失去信心。比如上面提到的慧慧，如果慧慧的妈妈一开始就让慧慧每天把作业全做对、考试要考 90 分以上，那慧慧很可能会被这个目标吓到，并在无法完成这些目标后，失去战胜困难的信心。

在帮孩子制订好计划之后，我们家长也要负起监督执行的责任。越小的孩子，越难坚持，而且我们大部分人都有惰性，比起努力奋斗，肯定更愿意偷懒休息。作为家长，我们在看到孩子偷懒的时候不能一味责怪，要了解原因，以鼓励为主，带起孩子的积极性。

接下来我们谈谈逆情商的另外两个组成部分：控制逆境的影响范围和控制逆境的影响时间。

挫折和逆境通常是特定事件，我们要让孩子学会让该事件的影响范围不扩散。比如学习上遇到问题，就尽量在学习上解决它，不要让该事件影响到我们的日常生活，更不能因为该事件变得意志消沉、自暴自弃。

控制逆境的影响时间也是同理。我们要让孩子明白，遭受打击后，我们可以允许自己难过几天，如果是特别严重的事件，比如严重的疾病、亲人去世等，时间可以放宽到几个月，但之后我们一定要想办法振作起来，不能放任自己沉溺在过去的痛苦里。我们在影视作品中经常看到，有些人受了打击后一直借酒消愁，甚至酗酒、家暴妻儿，就是非常消极的处理逆境的方式。

我们无法控制逆境，不能让逆境消失，也不能让其变得更大或更小，但我们可以通过控制自己来"控制"逆境，让逆境的消极影响降低。

Part 6

尽最大的努力，但不必抱最大的希望

家长如何应对自身的局限性

我想许多家长都听过这句话：父母是孩子最好的老师。当我们想培养孩子的逆情商时，我们有没有想过自己的逆情商怎么样呢？当我们鼓励孩子努力克服困难、不畏艰难、不断挑战自己时，我们自己是怎么做的呢？我们面对生活、工作中的不如意，遇到各种糟心的事情时，我们是怎么处理自己的负面情绪、怎么解决问题的呢？

我们都不是超人，大部分人都是普通人，很少有人拥有传说中"坚韧不拔""百折不挠""坚强不屈"等美好品质。在面对种种不如意时，我们难免会感到挫败、气馁，有时候也会觉得不如早点放弃算了，得过且过总比奋力向上简单得多。基于这种心理，有的家长干脆放弃"挣扎"，闲暇时总是看电视、玩手机、玩游戏，甚至打牌、打麻将，孩子在这种家庭长大，难免会有样学样。

当然了，我们并不是说看电视、打麻将等活动不好，只是在孩子成长阶段，如果我们希望孩子受到一些正面的熏陶，成长为某种意义上的"优秀人才"，那我们整天做的事情必然会对他们产生影响。

小叶和丈夫的工作都很忙，时不时需要加班。他们每天回到家的时候都觉得身心俱疲，仅有的放松活动就是看看电视剧或者玩两把游戏。不过，他们对女儿糖果的教育是很上心的。他们常常教育糖果，让她努力学习，努力提升自己的身体和心理素质，成为一个优秀的人。

不过，糖果的学习成绩很一般，各方面的表现也不是很出彩。高考竞争压力很大，小叶偶尔会为糖果的未来担忧。有一天，小叶像往常一样对着糖果感叹："你这成绩，以后怎么考得上大学哦？"

糖果很轻松地说："上大学又怎么样？像你和爸爸一样，每天上班累死累活，还连点业余爱好都没有？我以后随便找份工作干就行啦，休息的时候就打打麻将，比你们这样幸福多了。"

听到糖果的话，小叶感到非常震惊。她不知道糖果这想法是怎么来的，只觉得十分荒唐。小叶试着逐一反驳："谁说我们没有业余爱好？我……"她说到一半，顿住了。因为工作压力大，她回到家时，根本不想动脑子，最常做的事情就是打开电视看毫无营养的综艺节目或剧情简单的电视剧。这些算得上是兴趣爱好吗？小叶认为不算。以前上学的时候，她不是这样的。她有很多兴趣爱好，比如弹古筝、画画、看书、看电影……

小叶在心底叹了口气，问糖果："你不喜欢画画、弹钢琴吗？"

糖果摇摇头，说："是你非让我学的。"

小叶顿了顿，问："你会打麻将？"

"那有什么难的？"糖果略有些得意地说，"我看都看会了。过年的时候，我跟表哥他们玩，还赢钱了呢！"

小叶看着女儿稚嫩的面庞，一时不知该说什么好。小叶并不指望女儿有多大出息或者赚多少钱，如果女儿以后真的随便找份工作，闲暇时以打麻将为消遣，她也能接受，毕竟大部分人都只是普通人，打麻将也算是一种休闲活动。但她不能允许自己现在就放纵女儿朝着那个方向发展。

小叶一直认同古人说的"取法于上，仅得为中；取法于中，故为其下"。这句话的意思是：以上等当作标准，只能得到中等的效果；

以中等当作标准，只能得到下等的效果。一个想着长大后找个糊口的工作，没事打打麻将的孩子，以后怎么可能有好的发展前途呢？她很可能考不上大学、找不到好工作。为了赚钱养家，她会不得不干一些辛苦活，事多、钱少，完全没时间放松。

小叶把自己的担心委婉地跟糖果说了，没想到糖果对此也有自己的想法："你觉得你和爸爸的工作怎么样？你们每天也有很多事要做，也做得很不开心啊。爸爸前几天还说他领导特别烦人，整天想一出是一出，还说领导做的绩效考核不公平，他本来应该拿更多奖金的。为这事，他都难受好几天了，昨天还说不想去公司上班了呢。"

小叶知道这事儿，私底下和丈夫一起骂过领导，也一直劝丈夫再忍忍。小叶开玩笑说："嗐，成年人嘛，每个星期总有那么三四五六天不想上班的。"

糖果说："所以嘛，不管上什么班都不会太开心的。你的工作也干得不开心啊。上班的地方那么远，每天都要挤地铁，还经常加班。我感觉你每天下班回到家后心情都不好，周末稍微好点，不过如果有同事给你打电话，你就会很烦。"

听了糖果的话，小叶半晌无言。

过了好大一会儿，小叶问："我跟爸爸的状态对你影响很大吧？对不起，以前我没注意到这个问题。我们在工作中遇到了很多不开心的事情，没有处理好，结果让这些不开心的事情影响到了你。我们会好好想想这个问题的，看怎么处理比较好。

"我还是不赞同你之前的说法。你又不是不知道，以前你爷爷奶奶凌晨三四点就要起床去进货，他们过得多辛苦啊。你大伯他们，年纪那么大了，还要下煤矿，难道他们喜欢干那种又辛苦又危险的工作吗？还有那些辛苦工作的哥哥姐姐，他们是喜欢在环境差、工作时间长、工作内容单调乏味的地方上班吗？

"我和你爸爸的工作不算很好，工作中有很多不愉快的事情，还要处理许多我们不愿意处理的杂事，可是说心里话，让我跟你爷爷奶奶他们换工作，我是不愿意换的。另外，如果我愿意，我可以去干你爷爷奶奶的工作，而你爷爷奶奶他们想干我的工作就很难了。

"我之前在书上看过一句话，我觉得很能代表我的意思。那句话的大意是说，我希望你好好读书，是希望你以后有选择的机会。你以后如果不愿意干我和你爸爸的工作，不愿意干那些让你觉得无趣的工作，你当然可以去干你喜欢的工作。我希望你以后能有更多的选择，能找到自己真正喜欢的事业，而不是随随便便混日子。当然了，如果十年后，经过仔细思考，你觉得混日子就是你想要的生活，那也可以。现在嘛，我还不能满足你的愿望。因为你现在还小，思想还不成熟，而我是你的妈妈，我要对你负责。"

糖果沉默了一会儿，说："那我再好好想想吧。至于学习，我尽量吧。"

晚上，小叶跟丈夫商量了一番，觉得作为父母，他们也有必要调整一下自己的状态。工作中的不如意是一直都有的，被那些不愉快的事情影响到自己的心情是难免的，但他们不能让那些事情影响到自己的方方面面，更不能让那些事情间接影响到孩子。

下班回到家后，小叶开始尽量让自己做一些"有意义"的事情，比如运动、读书、画画等。刚开始的时候，小叶需要极力勉强自己才能从沙发上起来——毕竟，靠在沙发上休息是很舒服的。不过，小叶想着要给女儿做好榜样，而且要尽量改变自己的生活状态，所以基本能行动起来。

糖果见妈妈这么认真，也被带动起来。之前，糖果看书、写作业的时候总是忍不住分心，一会儿起来喝杯水，一会儿放首歌听，一会儿在草稿纸上画画……遇到不会写的题目，她稍微想想，觉得想不出来就翻到后面的参考答案看解析。解析看明白了，她把答案抄一遍就算了。实际上她并没有真正掌握知识点，所以考试的时候她总是做不对。

如今小叶要抓糖果的学习，所以偶尔糖果写作业的时候，小叶会在一边看书。小叶发现了糖果这个坏毛病，就把自己的学习经验和糖果说了，鼓励糖果慢慢改变自己的学习方法。

糖果有时会好奇地问小叶在看什么书，小叶便讲给她听。糖果有时听到感兴趣的内容，会要求小叶借给她看。小叶毕竟比糖果多读了几年书，有时会给她推荐一些自己喜欢的书，糖果偶尔也会给小叶推荐最近流行的青春小说。一来二去的，母女俩居然成了"书友"。

小叶发现如今的孩子喜欢的东西跟她当年完全不一样，而且现在的小孩对许多事情都有自己的看法。虽然有时候小叶不赞同那些想法，但接触新知识、新想法让她变得更平和、更包容。在公司里，小叶也过得越来越顺心。以前小叶很容易为了一些小事生同事的气，偶尔也会勉强自己去做不愿意做的事情，现在她明白有时候只是大家的观念和表达方式不同，而不属于自己分内的工作，不想做的话可以直接拒绝。

糖果也在慢慢改变，她的学习成绩上去了，而且还喜欢上了读书。有时小叶忙工作，好几天都没时间陪她，糖果也会自己看完书，然后把感触比较深的部分讲给小叶听。

糖果的思想有时比较幼稚，但有时也能让人眼前一亮，小叶便鼓励她写下来，又上网找了几家杂志社的投稿邮箱，稍加整理后发过去。大部分投稿都是石沉大海，不过投的次数多了，加上糖果也在不断进步，终于有一天，她们收到了过稿通知。

这无疑是巨大的鼓励，从那之后，糖果更喜欢看书，也更喜欢看完书后把感触、想法写下来，整理成读后感了。

　　因为看的书多，又勤于思考、总结，糖果的知识面越来越宽，学习成绩也越来越好。这让糖果越来越自信，偶尔遇到一些不顺心的事情，也能很快调整心态。

　　有一天，糖果对小叶说，她以后要当一名作家。

　　虽然那不一定能实现，不过小叶还是长出了一口气。

　　我们很多人小时候都想过要当科学家、宇航员、医生等，因为种种原因，实现的人很少。当我们成为父母后，我们更希望孩子立这些志向，而不希望他们从小就想着上班混日子。然而作为父母的我们，大多并没有成为科学家、宇航员等。我们的工作可能很普通、很平凡，我们每天要为了柴米油盐操心，要处理各种烦人的杂事，被各种不顺心的东西包围。在这种状态下，我们可能很难保持好的心态，很难不在家人面前流露负面情绪。在这种情形下，我们教育孩子的时候，可能会发现效果并没有我们想象中那么好。

　　上文中的小叶算是问题相对少的家长了，我知道有些家长面临的麻烦更多，每天都过得不开心。比如我有一个朋友，在单位受排挤，每天上班如上坟，回到家便把负面情绪发泄给家人。这位朋友后来离婚了，身体也垮了，落下一堆慢性病。这位朋友教育孩子、培养孩子逆情商的时候，必然很难取得良好的效果。

　　我一直认为，无论我们想让孩子有什么样的品质，我们自己也要有。如果暂时没有，那跟着孩子一起努力也是可以的。总而言之，我们家长一定要以身作则。如果我们只是一味要求孩子或鼓励孩子战胜困难、保持良好的心态，自己却被各种琐事逼得焦头烂额、情绪暴躁，那教育效果肯定不会太好。

　　我知道，我们家长一定会有很多不算好的习惯，也会面临许多不顺心的事情，但如果真的想改变、想让自己和孩子变得更好，我们肯定是可以处理好的。要知道，这不但能给孩子起到积极的榜样作用，对我们自身也是十分有益的。

　　养育孩子是我们家长的第二次成长，面对自身局限性，我们家长不能一味否定，应该坦然承认自己的不足，然后调整自己的心态，像教育孩子那样教育自己，像鼓励孩子成长那样鼓励自己，努力和孩子一起成长。

让孩子自己站起来，不是让家长完全放手

　　我居住的小区花园里经常有家长带着孩子玩，我偶尔会坐在花园旁边的长椅上跟认识的邻居闲聊。在这种情况下，我难免会注意到孩子和家长相处过程中的许多细节。

　　孩子们在花园里追逐打闹、跑跑跳跳，难免会有摔了磕了的时候，此时，不同家长会有不同的反应。

　　有的家长会赶紧跑过去，把孩子扶起来，抱着孩子哄，有的家长还会作势要打旁边的地，说："都怪这地不平，把宝宝绊倒了，我们打它。"

　　有的家长会过去鼓励孩子自己站起来，让孩子检查自己有没有受伤，没受伤就让孩子接着去玩。

　　有的家长对孩子摔倒这事看得很轻松，一边跟其他人聊天，一边让孩子自己站起来。如果孩子磨磨蹭蹭好半天都没爬起来，家长才会问："有没有受伤？疼不疼？不疼就自己起来。"

　　…………

　　摔倒后，孩子们的反应也各不相同。

　　有的孩子摔倒后会趴在地上等一会儿，见家长过来扶自己，就犹犹豫豫地开始哭，也不急着爬起来，等家长抱自己，才慢慢站起来。

　　有的孩子摔倒后会毫不在意地爬起来，自己拍拍膝盖上的灰尘，接着高高兴兴地玩。

　　有的孩子摔倒后想等家长来扶自己，但家长并没有扶，而是鼓励孩子自

己站起来。孩子犹豫了一下，自己起来了。家长表扬孩子，夸孩子"真勇敢"，孩子很快就调整好情绪，继续去玩了。

…………

我列举不同的情况，并不是要批判或赞扬某种教育孩子的方式。每个家庭的情况不同，每个孩子的性格也不一样，适用于其他孩子的方法并不一定适用于我们自己的孩子。

此外，在孩子的不同成长阶段，我们家长对待孩子的方式也会有所不同。比如，在孩子特别年幼，甚至听不懂我们家长说的话时，孩子跌倒后，我们家长如果只是一味鼓励孩子自己爬起来，即使孩子大哭大闹也不予理睬，这种做法我是不赞成的。凡事要适度，孩子的成长也是循序渐进的，我们不能"揠苗助长"。家长过于"冷漠"的言行会让孩子产生"爸爸妈妈不爱我"的印象，让孩子缺乏安全感，不利于孩子的健康成长。

　　小润的爸爸妈妈最近很苦恼，因为他们发现，小润现在太过于"独立"了。之前每天早上，爸爸妈妈要离开家去上班的时候，小润都会又哭又闹，不让他们走；爸爸妈妈回来以后，小润就会缠着他们，一直要他们抱或者让他们陪他玩。现在呢，小润完全不在乎爸爸妈妈走不走了，爸爸妈妈下班回家后，小润也没什么反应，自顾自地玩，头都不抬，好像完全没看到爸爸妈妈一样。

　　刚开始，小润的爸爸妈妈还觉得松了一口气，毕竟他们每天工作已经很辛苦了，还要应付这么个爱哭爱闹的小孩，实在是很费神。可是慢慢地，小润的爸爸妈妈觉出不对劲了。

　　小润虽然不爱闹了，但他也不爱笑了。爸爸妈妈偶尔想跟小润玩，小润也不愿意，总是板着一张脸，不是很高兴的样子。学校的老师也说，小润总是一个人坐在教室里，不跟别的小朋友玩。

　　小润的爸爸妈妈觉得这样不好，又开始抽时间陪小润。

这天，小润的妈妈下班回家比较早，小润的奶奶还没有做好晚饭，小润的妈妈就带着小润下楼玩了。

楼下有几个小朋友在玩捉迷藏，小润的妈妈鼓励小润跟他们一起玩，小润不是很想去，但他怕妈妈不高兴，还是加入了。

孩子们在灌木丛和草坪上跑来跑去，小润一不小心摔了一跤。要是在以前，小润肯定会等妈妈过去扶他才会站起来，站起来后还会抱着妈妈撒娇，让妈妈哄他。但这回小润看都没看妈妈，自己就起来了。起来后，小润觉得右脚的脚踝有点疼。他站在路边缓了缓，抬起右脚轻轻活动了一下，觉得没那么疼了，就跟着别的小朋友往不远处的灌木丛走去。

小润走到灌木丛后面坐下，拔了几根草，把草勾在一起，然后用力拉，比较哪根草更结实。有两个小朋友觉得这样玩也挺有意思的，就也拔了草跟他比赛。

小润的妈妈见小润一直在跟别的小朋友玩，放下心来，时不时地看看手机，处理一些工作上的事情。

小润的奶奶做好饭后，给小润的妈妈打电话，让她带小润回家吃饭。

小润的妈妈今天心情不错，伸出手拉小润。小润犹豫了一下，还是把手递给妈妈，跟着她往家的方向走。

小润一直觉得脚有点疼，不过他没有告诉妈妈，也没有跟其他人说。他记得，妈妈以前总是说"有点疼啊？没什么大不了的，忍忍就好了"。小润觉得妈妈说得对，疼也没事，忍忍就好了。

吃完晚饭，小润坐在客厅地板上玩了会儿积木，妈妈说浴缸里放好热水了，让小润去洗澡。

小润进了浴室，自己脱完衣服，踩着小板凳进了浴缸。

小润以前总是要大人帮他脱衣服，还要大人帮他洗澡才行，不然他会一直玩水。小润的妈妈见他现在这么乖，在担心他的同时，也不由得松了一口气。

浴缸里的水比较热，刚开始，小润没觉得有什么问题，但在热水里泡了一会儿后，他觉得右脚的脚踝越来越疼。

不过小润没有哭闹，也没有喊妈妈。妈妈说过，"忍忍就好了"。

爸爸在洗手间门口问："怎么样？要不要爸爸帮你洗？"

小润说："不要。"

爸爸表扬说："真乖。"

小润洗完澡以后，换上睡衣就回房间了。他的脚很疼，走路不太利索，但爸爸妈妈都有自己的事情要忙，都没有抬头看小润。

第二天早上，小润的右脚脚踝肿得老高。小润穿着拖鞋，一瘸一拐地走出房间。妈妈注意到小润走路的姿势，问："怎么了？"

小润没说话，妈妈走到小润旁边，看到他又红又肿的脚踝，惊呼："这是怎么搞的？哎呀，天呐，这是怎么回事呀？疼不疼？"

小润摇摇头。反正就算他说疼，妈妈也是让他忍忍，还会说他娇气。

小润的妈妈叫来丈夫，又问小润怎么弄的。

小润满不在乎地说："摔了一下。"

小润的爸爸问："什么时候摔的？肿得这么厉害，应该不是今天早上摔的吧？"

小润说："昨天下午。"

小润的妈妈惊讶极了："昨天摔的？昨天什么时候摔的？你昨天怎么不告诉我们呀？"

小润没说话。

小润的爸爸说："肿得这么厉害，去医院看看吧？哎哟，我早上还有个很重要的会，"他转过头，对小润的妈妈说，"你带他去医院吧？"

小润的妈妈急得跺脚："我哪有时间呀？我都约好车了，马上要出发去机场。让你爸带他去吧。"

"行。我给我爸打电话，让他马上过来。"小润的爸爸边掏手机边说。

"你再给小润的老师打个电话，请个病假。"小润的妈妈匆匆忙忙把要带去出差的东西收拾好，对小润说，"疼不疼？肿这么厉害，真是……你别乱动，尽量别走路了，好好坐着吧。待会儿跟爷爷去医院，要乖乖的，听到没有？我没时间了，要赶不上飞机了。我走了啊，你听话。"

小润的妈妈匆匆忙忙离开了，小润的爸爸打完电话，看看时间，自己也该走了。他一边拿东西，一边嘱咐了小润几句，说爷爷马上就来，让他好好待着，然后匆匆忙忙走了。

小润坐在客厅的沙发上，左右看了看，觉得自己孤零零一个人也不错。

尽管我们一直说要让孩子坚强，要学会放手，让孩子自己成长起来，但孩子毕竟是孩子，是需要得到家长关心的。

对成年人来说，如果病了、受伤了，父母让自己去医院也没什么，有的人为了不让父母担心，还会瞒着父母，说自己没事。可是，对大部分孩子来说，如果在自己受伤、生病的时候，父母没有表示出足够的关心，孩子是会觉得难过的。这样的次数多了，孩子难免会觉得父母不太关心自己，不太喜欢自己。如果父母确实很忙，没有时间陪孩子，可以尝试着向孩子解释，请孩子明白自己的苦衷。

孩子遇到其他困境的时候也是同样的道理。

家长事事包办，什么都帮孩子揽下来当然是不可取的，但家长在让孩子坚强、鼓励孩子自己站起来的同时，也不能忘记自己的身份，不能完全放手。

　　培养孩子的逆情商，让孩子学会自己解决问题很重要，但作为孩子最亲近的人，作为孩子的爸爸妈妈，当孩子遇到挫折和逆境的时候，我们有必要让孩子知道，我们一直在他们身边，一直在保护他们，如果他们需要，我们随时可以提供帮助和支持。

改变不是一朝一夕就能完成的

作为家长，我们都希望孩子各方面都很优秀，如果孩子有缺点，我们巴不得他们下一秒就改了。如果孩子一直改不掉坏毛病，我们难免会着急上火。可是，任何改变都不是一蹴而就的，孩子是需要时间慢慢成长的。

小越的爸爸妈妈很注重对他各方面的能力进行培养，对小越逆情商的培养是他们关注的重点之一。

在小越很小的时候，如果他摔倒了，爸爸妈妈就会让他自己爬起来。在日常生活中，小越的爸爸妈妈也会经常跟他说一些诸如男孩子要勇敢、要坚强，遇到困难不要害怕、不要退缩之类的话。小越是个听话的孩子，跌倒了基本都能自己爬起来；爸爸妈妈跟他讲道理的时候，他也会安静地听着。

小越的性格比较腼腆内向，总是不敢跟陌生人说话，与人交往的时候也从不主动，总是要等到别人再三向他表示好感，他才敢多跟别人说几句话，所以小越的爸爸妈妈总是鼓励他主动跟其他人来往。比如去商店买东西的时候，他们总是让小越自己去跟营业员说话，结账的时候也会让小越去结。许多父母都会这么教育小孩，所以这方法本身是没什么问题的，但问题的关键是小越太腼腆了，在完全不认识的陌生人面前更是如此。

当小越的爸爸妈妈让他去问营业员，某个商品在哪里的时候，小越宁愿自己去货架上找。让小越问收营员某件东西多少钱的时候，他也总是不说话，而是笑着靠紧爸爸妈妈的大腿；营业员看到小越的笑脸，觉得他很可爱，就主动说了价钱。爸爸妈妈见小越撒娇，觉得孩子还小，慢慢来就可以了，便半是宠溺，半是无奈地说："下次你要自己问，知不知道？你要说：'阿姨，这个多少钱？'阿姨就会告诉你了。"

小越笑嘻嘻地，既不说好，也不说不好。

等到"下次"，小越依然没有开口，于是他们又约定"下下次"。

本来，小越的爸爸妈妈是很温柔、很有耐心的人，对小越并没有过高期望，觉得让他顺应天性，慢慢成长就好了，但在过年回老家的一次聚会后，他们开始调整对小越的教育方式。

小越的爸爸妈妈有好几年没回老家了，之前是因为小越年纪小，带着他不方便，现在小越大一些了，加上小越的太爷爷要做寿，他们便趁着过年带小越回了一趟老家。

来给小越的太爷爷祝寿的人很多，基本能回去的亲戚都回去了。回去的亲戚中，有不少人是跟小越的爸爸同辈的。这些人大多有了小孩，孩子大多跟小越差不多大。

在这些小孩里，小越是最腼腆、最内向的。

当别的小孩给大家表演唱歌、跳舞、弹琴、背古诗等节目时，小越总是靠着爸爸妈妈的腿，笑嘻嘻地看着大家。小越的爸爸妈妈一直鼓励他给大家表演一个节目，小越总是不肯，抱着爸爸的腿不撒手。

小孩子们常在一起玩，也常几个人一起去不远处的便利店买东西。有一次是小越的爸爸带孩子们去买东西的，他留心观察了一下，别的孩子都很主动，一点都不怕生，对着便利店老板喊"叔叔""阿姨"都很自然，只有小越一直怯生生的，不敢主动要东西，也不敢开口。

之后小越的爸爸就上了心，一直在观察别人家的孩子和小越的区别。他发现，有几个小孩的心算能力特别强，能很快计算一百以内的加减法，而小越连从一数到十都结结巴巴的；有几个小孩能说会道，还会说相声，而小越连跟人打招呼都很羞涩；有几个小孩跌倒了像没事人一样爬起来继续玩，而小越爬起来后总是会找爸爸妈妈撒娇；遇到从没玩过的东西，别的小孩会积极尝试，小越总是在一边看着；受委屈后，有些小孩能主动把事情讲清楚，有的还会跟大人讲道理，而小越则是含着眼泪窝在爸爸妈妈怀里，让他说怎么回事，他也说不明白……

小越的爸爸看看别的小孩，再看看小越，不禁开始怀疑自己一直以来对小越的教育方法是不是不合适。他和妻子并不期待小越是天才，所以小越数数、背古诗等没有别的小孩流利他并不是很在意，但他在意小越的性格。

古人说："父母之爱子，则为之计深远。"小越的爸爸觉得小越的性格太过软弱，抗压能力也差，以后遇到问题肯定很容易放弃；万一遇到什么大事，小越可能只会逃避，或者被逼向极其不好的境况。

小越的爸爸思来想去，觉得小越之所以会养成现在这样的性格，可能是因为自己和小越的妈妈之前对小越太温柔了，总是试着跟他讲道理，基本连大声呵斥都没有，更不要说责骂他了。

找到问题的原因后，小越的爸爸便准备改变自己对小越的教育方式了。小越的爸爸跟堂哥聊了聊教育孩子的问题。堂哥说："你们就是太宠着小越了，其实孩子没那么娇弱。我让我女儿干什么她不想干的事情时，我就直接跟她说，必须干，不干不行。她最多别扭几分钟就去干了。她干完之后发现：嘿，挺简单的嘛。之后也就顺其自然地学会了，有时候还会主动去干。"

小越的爸爸听了堂哥的话，决定以后要对小越严格一些，不能总是由着他的性子来。比如去店里买东西这件事，他们之前总是由着小越，让他"下次"再尝试，结果这个"下次"一直没来。

小越的爸爸跟妻子说了自己的想法，要求妻子和他站在同一立场，不要总是对孩子心软。小越的妈妈虽然不是很同意他的想法，但他们之前说好了，在教育孩子时要立场一致，所以她勉强答应丈夫，在他教育小越的时候，她不干预。

小越的爸爸是个很有行动力的人，在那之后不久，他就开始实施自己新的教育计划了。他认为，自己有必要给小越做一些抗压训练。训练的第一步就是让小越挑战以前不敢干的事情。

这天，小越的爸爸带小越去离家比较远的一个便利店买东西。因为家附近的便利店老板都认识小越了，小越即使不说话，他们也会很友好地帮他结账，而且他们看小越自己一个人去，没准还会带小越出来找家长。

走到离便利店三四米的时候，小越的爸爸就停下脚步，掏出100元钱，让小越自己进去买一支钢笔。小越拉着爸爸的手，想拉他一起去，但他爸爸这回下了决心，摇摇头，坚定地说："我不进去。这次你要自己去。"

小越站着没动，不肯自己去。小越的爸爸就耐下性子劝他说："别害怕，很简单的。你走进去说'阿姨，我要买一支钢笔'，阿姨就会把笔给你了。你还可以买一些你喜欢吃的棒棒糖和巧克力，然后你把钱给阿姨，阿姨就会找零钱给你。你拿着零钱和东西出来就行了。我就在外面看着你，不会有事的。里面的阿姨也是好人，你进去跟她说一声，她就会把东西给你了。乖……"

然而，无论小越的爸爸怎么劝说，小越都不肯自己进去。

小越的爸爸不想放弃这次尝试。他把脸一板，有些生气地说："你就是不肯进去是不是？爸爸生气了。"

小越的爸爸是蹲着跟小越说话的，小越本来一直靠着爸爸的胳膊，见爸爸有点生气了，便伸手搂住爸爸的脖子，把头埋进爸爸的怀里。小越的爸爸硬起心肠，将小越的手拉开，说："别撒娇，你今天必须自己进去。"

小越嘴巴一撇，似乎马上就要哭的样子。小越的爸爸制止他说："乖，别哭。你进去，买了东西出来以后，爸爸带你去游乐场玩，好不好？"

小越还是哭了起来。小越的爸爸一边哄他，一边威逼利诱，但他嘴皮子都快说破了，也没能让小越自己进店里买东西。

小越的爸爸不甘心，觉得这次如果自己让步了，那以后就更难让小越自己进店买东西了，之后的其他计划就更难以实施了。他咬咬牙，说："你什么时候进里面买了东西，我们什么时候回家。你要是一直不肯进去，我们就一直在这儿耗着吧。"

最终，小越那天还是没有自己进店买东西。小越的妈妈赶到了，及时"拯救"了小越。

但小越后来还是学会了自己去店里买东西，再后来，他也有了要好的朋友，遇到困境也有自己的处理方式，并没有变成一个孤僻、软弱的人。

在对孩子进行抗压教育和抗压训练时，我们一定要明白，这些教育和训练是为了更好地提升孩子的抗压能力，即使不专门对孩子进行这类教育和训练，孩子也会成长起来。毕竟，我们大部分人小时候都没有专门接受过这方面的训练，我们还是成长起来了。这是因为在我们成长的过程中，即使不专门安排障碍，也会有各种意想不到的不顺心事件发生，在应对这些事情的时候，我们自然而然地学会了如何处理这些事件。

我们在对孩子进行教育和培养时，没有必要拿孩子和其他人做比较，只要孩子跟过去的自己相比有所提升就可以了。

　　小越的爸爸见小越和其他孩子相比，显得有些软弱、胆怯、抗压能力差，就急着改变小越，而没有充分考虑小越本身的性格特质，显然是不合适的。在训练小越的时候，他没有采用循序渐进的方法，而是希望一步到位，这当然是很难成功的。也许有的孩子被家长激励一番，鼓起勇气就能去干一件之前不敢干的事情，但小越显然不是这样的性格。

　　在孩子表现出胆怯、懦弱的时候，有些家长会取笑孩子，觉得这样做没准能激起孩子的好胜心，让孩子鼓起勇气。这种做法在某些时候是能成功的，但有时也会导致反效果，因为每个孩子的性格不一样。我们家长一定要了解自己的孩子，掌握跟孩子沟通的诀窍，否则我们不但不能让孩子鼓起勇气，反而会打击他们的自信和自尊。

真诚的赞美，提升孩子的自信心

　　许多家长都知道要多表扬孩子、多鼓励孩子，因为这样可以提升孩子的自信心，也能在一定程度上提升孩子应对挫折的能力。可是，在实际生活中，我们很多家长常常不知道该怎样赞美孩子，或者说，家长虽然赞美了，但并没有达到他们想要的效果。

　　一些家长每天都会夸孩子无数遍"你真棒""你好厉害"，好像不管孩子做了什么，做家长的都能随时随地发现孩子身上的闪光点。

　　但实际上呢，家长真的在每一次赞美孩子时都觉得孩子很棒吗？有多少次是随口一说，或者为了赞美而赞美呢？

　　赞美是好的，但一定要真诚。如果是随口一说，或者为了赞美而赞美，那很可能无法取得我们想要的效果。千万不要以为孩子什么都不懂，分不出真心或假意，实际上，他们的敏锐度比我们想象的更高。

　　乐乐从小就是被夸大的，从他有记忆以来，每天都能听到几百遍"你真棒！""你太厉害了！简直是小天才！"

　　这天，乐乐用水彩笔画了一张画，兴高采烈地拿去给妈妈看。妈妈正在阳台晾衣服，看了一眼，弯下腰对他说："哇，好棒啊！我儿子真是太厉害了！"

　　这句话，乐乐都不知道听过多少遍了。

　　妈妈转过身继续晾衣服，乐乐仰起头问她："妈妈，我真的很厉害吗？”

"当然是真的了。你一直是最棒的！"

乐乐点点头，说："我知道，这叫善意的谎言。我在一本书上看到过。"

妈妈惊讶地转过身，问："你为什么会这么想？你就是最棒的呀，你看你这画画得多好。"

妈妈拿起乐乐刚完成的画作，夸奖道："你看，你画的这三只猫，多可爱呀。还有旁边这朵花，这黄灿灿的颜色，看起来就很美。我真的觉得这幅画特别棒。"

乐乐撇了撇嘴，说："妈妈，我画的是三只小猪在晒太阳。"

妈妈尴尬地笑了两声，试图挽回："啊，仔细看的话，好像是能看到猪的大鼻孔。可能是因为小区里那几只猫太胖了，我老想着它们，所以就看错了。嗯，这个太阳也画得好，这黄色的光线，一看就特别暖和。我觉得这张画好温馨啊，特别特别棒，我好喜欢。乐乐，把这幅画送给妈妈好不好？"

乐乐应了一声"嗯"，说："送给你了，妈妈。我去玩了。"

第二天，乐乐又拿了一幅画给妈妈看。妈妈完全没把前一天的事情放在心上，想都没想，像往常一样脱口而出："哇，画得好好啊！乐乐真是太厉害了！"

乐乐问道："妈妈，你猜我画的是什么。"

乐乐妈妈想起前一天的事情，认真看了看孩子的画，思索片刻后说道："让我猜一猜哈，这个有点像是小狗。我猜对了吗？"

乐乐摇摇头："不对。"

"那，是小猪？"

乐乐说："不对。"

妈妈说："那我猜不出来了。你告诉妈妈，你画的是什么，好吗？"

乐乐说："妈妈，我画得根本不好。你说我画得好，只是因为你是我妈妈，我明白。"

乐乐妈妈蹲下身，抚摸着乐乐的头说："不是的，你真的很棒呀。"

"妈妈，撒谎的话，鼻子会变长的。"乐乐做了个鬼脸。

乐乐妈妈想再解释几句："不是的，乐乐，妈妈没有说谎，妈妈真的觉得你特别棒。妈妈认为，画画也不是画得越像越好的，不然为什么不直接拍照片呢？你如果不信，去问爸爸，问爷爷、奶奶，问老师，他们肯定也是这样认为的，难道我们全都在骗你吗？"

乐乐点了点头："大人就是这样，大人都会骗小孩的。"

"怎么会？是谁告诉你的？"

"唐果说的。唐果说，大人都会这样，会说小孩可爱、漂亮、聪明、勇敢，但其实全都是在骗人。不过，他们是好的骗人，是善意的谎言，不是因为他们是坏人。"唐果是乐乐的同桌，是个非常聪明的小姑娘。

乐乐的妈妈有些意外，她没想到小孩会想到这些。她想了想，说："也不算骗人，因为在爸爸妈妈的眼里，小朋友都是最聪明、最可爱、最勇敢的呀。"

"我已经不是小朋友了，我也不聪明、不可爱、不勇敢。"乐乐严肃地说，"你们以后不要骗我了。"

乐乐妈妈还想再解释几句，乐乐说："我去看书了。"然后转身就跑了。

晚上，乐乐坐在客厅地毯上搭积木。像往常一样，当乐乐搭好城堡的时候，乐乐妈妈夸赞道："哇哦，好棒！"

乐乐抬头看着妈妈说："妈妈，说好了的，不要骗我了。"

　　乐乐妈妈解释了几句，但并没有说服乐乐，乐乐还是坚持说："不要骗我了。"

　　乐乐妈妈有些发愁，难道以后就不再夸孩子了？不都说赞美孩子对孩子的成长很有好处吗？她跟乐乐爸爸商量怎么解决，乐乐的爸爸想起有个高中同学是读教育专业的，现在在学校当心理老师，便在微信上跟她说了家里的情况，问她有没有办法解决。

　　心理老师建议道："只是简单地夸孩子'真棒''真好'的话，可能会显得有些不真诚，太刻意了。不如试试夸一些更具体的东西。"

　　乐乐爸爸问："更具体的？比如呢？"

　　"比如下次孩子画完画，爸爸妈妈可以认真看一下，然后跟孩子说，色彩搭配不错，画的花花草草很可爱，或者画的小动物的眼睛很有神，等等。当然了，这需要花几分钟跟孩子交流，比简单地夸几句'真棒''真好'要费神一些。"

　　乐乐妈妈说："这个道理我是知道的，但有时候在忙别的，就懒得跟孩子多说了。"

　　心理老师说："这种简单的互动耽误不了多少时间。你们每天上班前、下班后，跟孩子在一起的时间总共也没几个小时，基本的陪伴还是应该保证的。而且，正因为时间有限，所以更要保证效率。那种随口一说的简单夸奖，效果并不好。真诚的赞美才能起到好的作用。"

　　乐乐妈妈犹豫了下，问："那要是孩子画的画颜色不好看，画的花花草草小动物什么的都不好看，也要说好看吗？"

　　乐乐爸爸抢答："那当然了！难道还能跟孩子说画得特别丑吗？"

　　爸爸的同学忍不住笑了："乐乐爸爸说的，对，也不对。直接跟孩子说画的丑当然是不太好的，这非常打击孩子的自信心。不过，家长如果为了赞美而赞美，也不太好。如果我们心里已经觉得孩子画得不好，那即使说出来的话是夸奖，孩子也会察觉到。我们可以试着发现孩子的其他优点，对那些优点进行赞美。"

乐乐妈妈问："那如果孩子画得不好，但就是喜欢画画呢？也不能一直视而不见，什么都不说吧？"

心理老师想了想，说："孩子如果能每天做同一件事，那这种恒心和毅力也是值得夸奖的。另外，也可以试着对比一下，看今天画的画，跟昨天，跟上个月，跟去年画的画比，有哪些进步。"

乐乐妈妈有些尴尬地问："如果，没什么进步呢？"说真心话，她一直觉得乐乐画的是鬼画符，要不是因为乐乐是她亲儿子，她肯定没法昧着良心夸画好看。

"如果孩子喜欢画画，那画得开心就可以了，没有必要非得画成什么样，取得什么成绩。"心理老师说，"如果实在说不出哪里画得好，也可以问问孩子，他创作的时候在想什么，为什么要这样画。在倾听的过程中，也许会发现孩子的闪光点，比如想象力特别丰富，表达能力很好，等等。那时候夸奖孩子就顺理成章了。"

听了心理老师的话，乐乐的爸爸妈妈决定改变对待孩子的方式，不再简单地赞美孩子"真棒""真厉害"，而是从细节入手，详细说明他哪些方面做得好。

渐渐地，乐乐不再觉得爸爸妈妈是骗自己，而是自己确实做得很出色才会得到他们的表扬。乐乐变得更加自信了，即使同桌说他画画不好看他也不在乎了。

所谓真诚地赞美，不仅是我们自己要做到真诚，还要让孩子感受到我们的真诚。我们当父母的，想找出孩子的优点是很容易的，但要让孩子感受到我们的真诚却不是那么容易就能做到的。

我们在表达赞美的时候，应该列举一些更详细的事实，针对性地提出表扬，有时甚至可以就某个话题展开聊一下，表示我们真的很感兴趣，也是真的认为孩子值得赞美。

这种真诚的赞美能让孩子更自信,也能让孩子的逆情商提高,使其应对挫折的能力增强,不至于因为一点小事就怀疑自己的能力。